ギリシャ文字

大文字	小文字	読み方	大文字	小文字	読み方
A	α	アルファ	N	ν	ニュー
B	β	ベータ	Ξ	ξ	グザイ,クシー
Γ	γ	ガンマ	O	o	オミクロン
Δ	δ	デルタ	Π	π	パイ
E	ε	イプシロン	P	ρ	ロー
Z	ζ	ゼータ,ツェータ	Σ	σ	シグマ
H	η	イータ	T	τ	タウ
Θ	θ	シータ,テータ	Y	υ	ウプシロン
I	ι	イオタ	Φ	ϕ	ファイ
K	κ	カッパ	X	χ	カイ
Λ	λ	ラムダ	Ψ	ψ	プサイ
M	μ	ミュー	Ω	ω	オメガ

物理定数

量	記号	数値	単位
真空中の光速度	c	2.998×10^8	$m\,s^{-1}$
真空の誘電率	ε_0	8.854×10^{-12}	$C^2\,J^{-1}\,m^{-1}$
アボガドロ定数	N_A	6.022×10^{23}	mol^{-1}
プランク定数	h	6.626×10^{-34}	$J\,s$
ボルツマン定数	k	1.381×10^{-23}	$J\,K^{-1}$
気体定数	R	8.314	$J\,K^{-1}\,mol^{-1}$
陽子の質量	m_p	1.673×10^{-27}	kg
中性子の質量	m_n	1.675×10^{-27}	kg
電子の質量	m_e	9.109×10^{-31}	kg
電子の電荷	e	-1.602×10^{-19}	C
ファラデー定数	F	9.649×10^4	$C\,mol$

エネルギー単位の換算

	$kJ\,mol^{-1}$	$kcal\,mol^{-1}$	eV
$1\,kJ\,mol^{-1}$	1	0.239	1.036×10^{-2}
$1\,kcal\,mol^{-1}$	4.184	1	4.336×10^{-2}
$1\,eV$	96.485	23.061	1

よく用いられる単位の記号と名称

物理量の名称	単位の名称	単位の記号	他の単位への換算
長さ	オングストローム	Å	$10^{-10}\,m$
体積	リットル	L または l	$10^{-3}\,m^3$
エネルギー	カロリー	cal	$4.184\,J$
濃度	モーラー	M	$10^3\,mol\,m^{-3}$
圧力	気圧	atm	$1.013 \times 10^5\,N\,m^{-2}$

理工系の
基礎化学

中村潤児・神原貴樹 著

化学同人

はじめに

化学とは何だろう

化学の"化"は"化ける"の"化"であり，また"変化"の"化"である．そして反応とは，まったく新しい物質に"化ける"現象である．すなわち，化学の中心は反応であるといってよい．

古来より人間は，化学反応を生活に役立ててきた．しかし水素と酸素から，水というまったく性質の異なる物質ができるという当たり前のような反応も，あらためて考えると不思議である．

なぜ化学反応が起こるのか．また，どのような速度で起こるのか．さらに，生成物はどのような構造か．また，生成物をどのようにして分析するのか．これら反応にかかわる問題すべてを取り扱うのが化学である．

また反応物や生成物には固体，液体，気体があり，有機化合物や無機化合物がある．そのため，こうした状態や物質ごとに化学を論じることもある．たとえば有機化学，無機化学，固体化学といった具合である．

化学の領域

化学には以下のような領域がある．それぞれが，すべてきちんと分かれているわけではなく，一般に境界領域や複数の領域に含まれるものも多い．ざっと列挙してみよう．

  物理化学：化学平衡論，反応速度論，電気化学，構造化学，量子化学，分光化学

  有機化学：有機合成化学，高分子化学，有機金属化学，生化学

そのほか

  無機化学，分析化学，固体化学，触媒化学，表面化学，材料化学，環境化学

といった風である．将来，化学を専攻するとなれば2，3年次などで，これらの科目を学ぶことになる．

一方，1年次においては多くの場合，化学の領域全体が概説される．すなわち，これから大学で学ぶであろう上のような詳細な各論の要点や概念をひと通り学ぶことになる．

高校の化学と大学の化学のつなぎのような位置づけである．

本書について

　本書は理工系学部1年次の学生を対象とし，上で述べたような，化学の全体を概説することを目的としている．全体は3部で構成され

　　　第Ⅰ部（第1章から第3章まで）：化学結合について電子の軌道の観点から理解する

　　　第Ⅱ部（第4章から第7章まで）：化学反応の概念を熱力学の観点から理解する

　　　第Ⅲ部（第8章から第10章まで）：有機化学における反応の概念を理解する

ことが，それぞれの学習目標となっている．

　これらを通して少しずつ，大学における化学に親しんでいってもらいたい．

高校の化学から大学の化学へ

　さて，高校の化学と大学の化学の違いはどこにあるのだろう．本書の目次を見るかぎり，高校の化学の教科書とあまり変わらないように思える．

　二つの大きな違いは，エネルギーの観点から考えていくところにある．エネルギーの観点から考えていく点が，大学における化学の新しいところである．とくに，電子のエネルギー準位で考えを進めていくことになる．

　これまで"化学は暗記物"と見てきた人がいるかもしれない．しかし大学では，その暗記したことの意味や理由が明らかになっていく．"H_2とO_2からH_2Oができる"と単に暗記してきたかもしれないが，HとかOとかの記号は人間が勝手に決めただけのものであって，水素原子や酸素原子にはそれぞれ特性があり，いろいろな顔をもっている．それらを電子のエネルギー準位によって表し，掘り下げ，考えていくことが大学における化学になる．

　本書は，こうした化学のおもしろさを味わってもらいたいとの願いをもち，結合や反応の概念の理解に役立つようにと意図して執筆したが，至らない点も多々あるかと思う．読者諸兄には忌憚のないご指摘をいただければ幸いである．また刊行にあたっては（株）化学同人の亀井祐樹氏にたいへんお世話になった．ここに心からの謝意を表する．

2012年11月

中村潤児
神原貴樹

目 次

第Ⅰ部 物質の構造と状態

第1章 原子 　3

- 1.1 原子の構造 　3
- 1.2 ボーアのモデル 　4
- 1.3 電子の軌道 　8
- 1.4 電子配置 　12
- 1.5 エネルギー準位 　15
- 1.6 イオン化エネルギー 　17
- 1.7 周期表と価電子 　21
- 1.8 有効核電荷と原子の半径 　25
- 章末問題 　28

第2章 化学結合 　31

- 2.1 共有結合 　31
  - 2.1.1 結合をもたらす力 　31
  - 2.1.2 分子軌道とエネルギー準位 　32
  - 2.1.3 結合次数 　34
  - 2.1.4 p軌道からできる分子軌道 　36
- 2.2 イオン結合 　38
  - 2.2.1 イオン結合の形成 　38
  - 2.2.2 イオン結合と共有結合 　39
  - 2.2.3 電気陰性度 　40
- 2.3 金属結合 　43
  - 2.3.1 バンドの形成 　43
  - 2.3.2 結合の強さとバンド 　45
  - 2.3.3 金属のバンド構造と自由電子 　46

2.4　配位結合 — 46
- 2.4.1　結合の形成　46
- 2.4.2　金属錯体　48
- 2.4.3　結晶場理論 — 金属錯体の結合の理論 —　49

2.5　水素結合 — 50
- 2.5.1　結合の様式　50
- 2.5.2　水素結合による効果　50

章末問題　52

第3章　物質の三態 — 53

3.1　固体 — 53
- 3.1.1　結晶と非晶質　53
- 3.1.2　結晶格子　54
- 3.1.3　結晶の種類　54

3.2　液体 — 62

3.3　気体 — 63
- 3.3.1　理想気体の状態方程式　63
- 3.3.2　実在気体　65
- 3.3.3　臨界状態　69
- 3.3.4　分子の集団としての気体　71

章末問題　74

第Ⅱ部　物質の変化

第4章　化学平衡 — 77

4.1　熱力学 — 77
- 4.1.1　熱力学第一法則　77
- 4.1.2　エンタルピー　79
- 4.1.3　熱容量　80
- 4.1.4　熱力学第一法則の化学反応への適用　81
- 4.1.5　反応熱の計算　82

4.2　熱力学第二法則 — 84
- 4.2.1　熱力学第二法則の意味　84
- 4.2.2　エントロピー　84
- 4.2.3　エントロピー変化の計算　86

4.3　自由エネルギー — 87
- 4.3.1　系と宇宙のエントロピー変化とクラウジウスの不等式　88

4.3.2 ヘルムホルツ自由エネルギーとギブズ自由エネルギー　90
4.3.3 自由エネルギー変化の計算　92
4.4 平衡定数 ———————————————————— **94**
4.4.1 平衡定数とギブズ自由エネルギー　94
4.4.2 いろいろな平衡定数　95
4.4.3 平衡定数の温度依存性　95
4.4.4 平衡定数の圧力依存性　96
章末問題　98

第5章　化学反応の速度　99

5.1 化学平衡論と反応速度論 ———————————————————— **99**
5.2 反応速度 ———————————————————— **100**
5.3 反応速度式と速度定数 ———————————————————— **102**
5.3.1 反応速度式　102
5.3.2 速度定数　104
5.3.3 活性化エネルギーと頻度因子　106
5.4 反応機構と反応速度解析 ———————————————————— **109**
5.4.1 反応機構　109
5.4.2 定常状態近似　110
5.4.3 微視的平衡の仮定　113
5.5 触媒の働き ———————————————————— **116**
5.5.1 触媒作用と反応経路　116
5.5.2 アンモニア合成反応の例　118
章末問題　120

第6章　酸と塩基の反応　123

6.1 酸と塩基 ———————————————————— **123**
6.1.1 アレニウスの酸と塩基　123
6.1.2 ブレンステッドの酸と塩基　124
6.1.3 ルイスの酸と塩基　125
6.2 水溶液の酸性と塩基性の尺度 ———————————————————— **126**
6.3 弱酸と弱塩基の電離 ———————————————————— **126**
6.4 酸塩基滴定 ———————————————————— **129**
6.5 酸塩基指示薬 ———————————————————— **134**
章末問題　135

第7章 酸化還元反応　137

7.1 酸化と還元　137
7.2 酸化数　138
7.3 電池　139
7.4 電池の起電力　140
7.5 さまざまな電池　143
7.5.1 濃淡電池　143
7.5.2 マンガン乾電池　146
7.5.3 リチウム電池　147
7.5.4 鉛蓄電池　148
7.5.5 ニッケル・水素電池　149
7.5.6 リチウムイオン電池　149

章末問題　150

第Ⅲ部　有機化合物の性質

第8章 有機化学の基礎　153

8.1 炭化水素　153
8.1.1 炭化水素の分類　153
8.1.2 炭化水素の結合様式 ― 混成軌道 ―　154
8.1.3 環状アルカン　157
8.1.4 芳香族炭化水素　158

8.2 有機化学反応　159
8.2.1 ヘテロリシス　160
8.2.2 ホモリシス　161

8.3 炭化水素の反応　162
8.3.1 アルカンの反応　162
8.3.2 アルケンおよびアルキンの反応　163
8.3.3 ベンゼンの反応　164

章末問題　165

第9章 合成高分子　167

9.1 高分子の合成　167
9.2 連鎖反応　168
9.2.1 付加重合 ― 連鎖反応による高分子合成 ―　168
9.2.2 配位重合と立体規則性　170

9.3 逐次反応 — 171
9.3.1 重縮合　171
9.3.2 重付加　172
9.3.3 付加縮合　173

9.4 身のまわりの合成高分子 — 173
9.4.1 熱可塑性樹脂　173
9.4.2 熱硬化性樹脂　174
9.4.3 合成ゴム　174
9.4.4 接着剤　174
9.4.5 機能性高分子　175

章末問題　176

第10章　生体分子と生体反応　177

10.1 セルロースとデンプン — 177
10.2 ペプチド，ポリペプチドとタンパク質 — 180
10.3 核酸 — 184
10.4 植物の光合成 — 186
10.4.1 明反応　186
10.4.2 暗反応　189

10.5 食物の代謝 — 190
10.6 DNA と RNA の働き — 193
10.6.1 複製　193
10.6.2 転写　194
10.6.3 翻訳　195
10.6.4 遺伝子工学　197

章末問題　197

章末問題の解答 — 199
索　引 — 207

第 I 部
物質の構造と状態

　化学の中心は反応である．化学反応が結合の組替えであることを考えると，まず"化学結合とは何か？"を知るべきである．一方，化学結合を知るためには，原子の多様な性質を知る必要がある．この原子の示す多様な性質の本質は，原子のもつ電子の状態にあり，とくに原子核からやや離れてフラフラと弱く束縛されている価電子が重要である．このフラフラ具合はエネルギー準位で表されるが，じつはこのフラフラ具合こそが多様性を生み出す源だから，つまりはエネルギー準位がとても大きなポイントになる．
　エネルギー準位と並んで，もう一つ重要なポイントがある．それが軌道である．軌道とは，電子が存在する確率の高いところである．
　1920年代に生まれた量子力学によって，原子核の周りの電子のエネルギー準位と軌道が明らかになった．本書の第 I 部の目的は化学結合の概念を理解することにあるが，その多くは量子力学によって得られた成果である．
　ところで共有結合，イオン結合，金属結合とはいったい何だろうか．そうした結合でできている物質は電気伝導性や融点，反応性がまったく異なるが，それらはすべて，これら結合の性質が異なるからである．そして，こうした結合の性質の相違は，一つには電気陰性度で説明される．では，そもそも電気陰性度とはいったい何だろうかということになるが，これもやはり，電子のエネルギー準位で理解することができる．つまりは，エネルギー準位の理解が最大のポイントということになる．
　この第 I 部では第1章で原子について学んだあと，第2章で化学結合を，第3章で物質の三態について学ぶが，第2章と第3章で述べられることは，すべて第1章での原子の性質に起因することに注意してほしい．すなわち原子の性質を表すエネルギー準位や電気陰性度の観点から，化学結合や物質の三態について理解することが，この第 I 部の目標ということになる．

第1章 原子

すでに中学校と高校において，原子の構造やスペクトルなどについてはひと通り学んできた．しかし化学をより深く理解するためにはあらためて原子の構造，とくに電子についての洞察をより深める必要がある．すなわち，電子の振舞いを理解することが，大学での化学をマスターするカギの一つである．

なかでも電子の軌道とエネルギー準位の二つがとくに重要である．これは電子がどこに存在して，どのようなエネルギーをもっているかということである．

これらは1920年代に確立した量子力学によって明らかにされる．電子は粒子であると同時に波動でもあるが，量子力学はこうした両方の性質をもつ系を見事に記述する．

量子力学により電子は，太陽系の惑星のように原子核の周りの一定の軌道を周回しているのではなく，存在確率の分布によって位置が表されることが明らかになった．こうした波動性をもとに，原子の性質や化学結合の本質についての理解がいちじるしく進展した．

本章の目的は電子の軌道およびエネルギー準位を理解し，そこから周期表に現れる性質やイオン化エネルギーといった，原子の性質の規則性や多様性が導かれることを学ぶことにある．

1.1 原子の構造

すべての物質は原子からなる．原子は電子と原子核からなり，原子核は陽子（プロトンとも呼ばれる）と中性子からなる．

表1.1に示すように，陽子と中性子は同程度の質量であるが，電子は陽子の1/1836の質量しかなく，軽い．また電子は負の電荷 $-e$，陽子は

表 1.1 原子を構成する粒子

名 称	質 量/kg	電 荷/C
陽 子	1.673×10^{-27}	1.602×10^{-19}
中性子	1.675×10^{-27}	0
電 子	9.109×10^{-31}	-1.602×10^{-19}

正の電荷 $+e$ を帯びているが，中性子は電気的に中性である[†]．

ところで原子番号 Z で表される原子の陽子数および電子数は Z 個である．この場合，上に述べたことから明らかなように原子のもつ陽子による全電荷は $+Ze$，電子による全電荷は $-Ze$ となる．電子は，このような電荷のために生じるクーロン引力によって原子核に束縛されていると見なすことができる．一般に"原子の大きさ"と呼ばれるものは，このように束縛された電子が存在する領域の範囲を指している．

なお第 2 章でくわしく述べることになるが，この原子核の正電荷と電子の負電荷との間に働くクーロン引力が化学結合の本質であり，大ざっぱにいうと，原子核の正電荷どうしの間に電子が存在することによって，原子と原子が結びつくのである．

[†] ここで $e = 1.602 \times 10^{-19}$ C で，これを電気素量という．
なお，この電気素量 e の電荷をもつ粒子が電位差 1 V の 2 点間で加速されるときに得るエネルギーを 1 eV と定義し，この単位を電子ボルトという．見返しの表も参照のこと．

1.2　ボーアのモデル

前節で"電子は原子核に束縛されていると見なすことができる"と述べた．ボーアは原子のモデルとして 1913 年，原子核を中心とした円軌道を電子が運動するモデルを提唱した．ちょうど太陽の周りを惑星が運動しているようなかたちである．

しかし，はじめにいってしまうと，このように一定の軌道を電子が運動しているというモデルは誤りである．次節でくわしく述べるように，電子が存在する位置は確率でのみ表され，一定の軌道を描くということはない．

とはいえ，このようなボーアのモデルがすべて誤りで，まったく意味のないものであるというわけではない．このモデルには重要な点が含まれている．すなわち，電子のエネルギーが不連続になるという点である．これを量子化という．

以下ではボーアのモデルによって，エネルギーが量子化されることを見ていくことにする．

いま図 1.1 のように質量 m，電荷 $-e$ の電子が，電荷 $+Ze$ の原子核を中心とした半径 r の円周上を速度 v で運動しているとする．電子と原

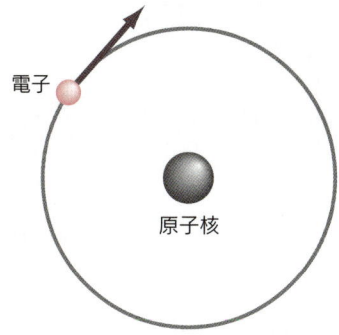

図 1.1　原子のモデル

子核の間に働くクーロン引力と，電子に働く遠心力とのつりあいから次式が成立する．

$$\frac{Ze^2}{4\pi\varepsilon_0 r^2} = \frac{mv^2}{r} \tag{1.1}$$

ここで ε_0 は真空の誘電率である．ところで電子がもつエネルギー E は運動エネルギーとポテンシャルエネルギーの和であるから

$$E = \frac{mv^2}{2} - \frac{Ze^2}{4\pi\varepsilon_0 r} \tag{1.2}$$

と表される．式（1.1）から v^2 を求め，式（1.2）に代入して整理すると次式が得られる．

$$E = -\frac{Ze^2}{8\pi\varepsilon_0 r} \tag{1.3}$$

さて，ボーアはここで角運動量 mvr が，ある値の正の整数倍の不連続な値しかとらないと仮定した†．すなわち，ある値を $h/2\pi$，正の整数を n として

$$mvr = n \times \frac{h}{2\pi} \quad (n = 1, 2, 3, \cdots) \tag{1.4}$$

† 6ページの ひとこと 参照のこと．

と仮定した．ここで h は**プランク定数**である．式（1.1）と（1.4）から，電子の円軌道の半径 r が次式で表されることがわかる．

$$r = \frac{n^2 \varepsilon_0 h^2}{Z\pi m e^2} \tag{1.5}$$

物質の波動性と粒子性

ひとこと

光は波であると同時に粒子でもある.

プランクは 1900 年，振動数 ν の光が吸収または放出されるとき，振動数 ν に定数 h を掛けた $h\nu$ という値のエネルギーが吸収または放出されると提案し，光のエネルギー E は $h\nu$ を単位として離散的であるとする量子仮説を唱えた．すなわち

$$E = h\nu \quad ①$$

である．

1905 年にはアインシュタインが，光は $h\nu$ のエネルギーをもった粒子（光子）の流れであるとして光電効果を説明した．これにより光が粒子であることが確かめられた．すなわち，これまで波であると考えられてきた光が，同時に粒子でもあることがわかったのである．

光が波であると同時に粒子でもあることから類推して 1924 年，ド・ブロイは電子や陽子なども，粒子であると同時に波であると考えた．すなわち物質波の提唱である．この物質波の波長 λ は，次のように考察できる.

まずアインシュタインの相対性理論から，質量 m の粒子のエネルギー E は真空中の光速度 c を用いて次式で表される.

$$E = mc^2$$

これと式 ① より

$$h\nu = mc^2 \quad ②$$

ここで

$$\nu = \frac{c}{\lambda}$$

の関係を式 ② に代入して整理すると

$$\frac{h}{\lambda} = mc$$

ここで c を粒子の速度 v と考えると，その粒子の運動量 p は mv で与えられるから，上の式より

$$p = mv = \frac{h}{\lambda} \quad ③$$

となる．これをド・ブロイの式といい，粒子の質量と速度によって，物質波の波長が決まることを示している．1927 年には粒子である電子が波でもあることがデビッソンとガーマーによる電子線回折実験によって確認され，物質が波動性と粒子性を同時にもつこと（これを物質の二重性という）が明らかとなった.

ところでド・ブロイの式 ③ によって，ボーアのモデルにおける電子のエネルギーが量子化さ

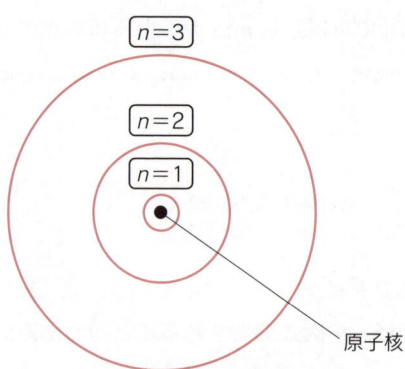

図 1.2 電子の軌道の半径

れることが理解できる．図1に示すように，ボーアのモデルにおいて"電子の波"が定常的に存在できるのは，(a)のように円周の長さがその波長 λ の正の整数倍のときだけである．すなわち

$$2\pi r = n\lambda \quad (n = 1, 2, 3, \cdots) \quad ④$$

ド・ブロイの式 ③ とあわせると

$$mvr = \frac{nh}{2\pi}$$

を得る．この式はボーアの仮定した式 (1.4) と同じである．この関係によって，電子のエネルギーの量子化 (式 1.6) が導かれることは本文に見る通りである．

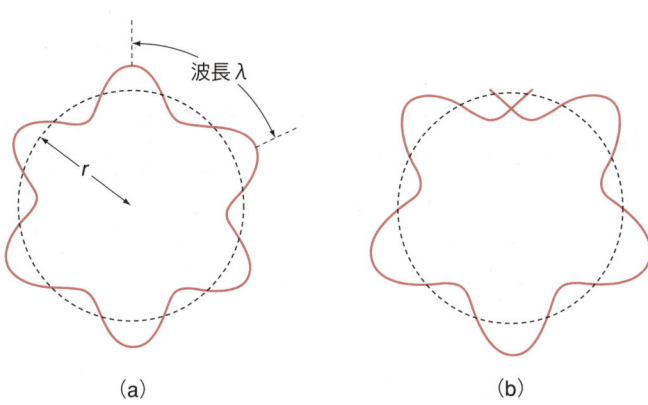

図1 ボーアのモデルと"電子の波"
(b)は式 ④ を満さないので"電子の波"は定常的に存在できない．

この式からわかるように n が 1 から 2, 3, … と変化すると，円軌道の半径 r は 4, 9, … 倍と大きくなっていく．その変化の様子を図 1.2 に概念的に示す．軌道の半径が n によって不連続的に，大きく変化することをイメージしてほしい．

さて式 (1.5) を (1.3) に代入すると，電子がもつエネルギー E として次式が得られる．

$$E = -\frac{Z^2}{n^2}\frac{e^4 m}{8\varepsilon_0^2 h^2} \quad (1.6)$$

この式から明らかなように，E は n によってとびとびの値をとって変化する．つまり，電子のエネルギーは不連続になる．このように"不連続である"ことを"離散的である"といい，離散的なエネルギーの値をエ

ボーア半径
$n = 1$, $Z = 1$ のとき，r は式 (1.5) から 0.529 Å となる．これを**ボーア半径**と呼ぶ．

ネルギー準位という．また一般に離散的になることを量子化と呼ぶ．

式 (1.6) について，さらに着目すべきことは，E が n の 2 乗に反比例し，Z の 2 乗に比例することである．

n が小さいとき，すなわち電子が原子核の近くにあるときには電子のエネルギー準位はきわめて低く[†]，電子は強く原子核に束縛されている．また n が同じでも，原子番号 Z が大きくなるにつれ，エネルギー準位が急激に低くなることもわかる．

後述するイオン化エネルギーなどに現れる多様性や周期性は，まさに n と Z によって変化するエネルギー準位の多様性に起因するのである．

[†] 言い換えると E が負で $|E|$ がきわめて大きいということである．

1.3 電子の軌道

ボーアのモデルにおける欠点は，太陽の周りを惑星が運動するように，電子が原子核の周りの一定の軌道を周回運動しているとする点にあった．

すでに 6 ページの ひとこと で見たように，電子は粒子性と同時に波動性をもっている．このような粒子性と波動性を同時にもつ系を記述する量子力学によれば，ある時刻において，電子がどこに存在するかを決めることはできないという．量子力学では，電子が存在する位置は確率によってしか表すことができないのである．つまり，一定の軌道を周回するような電子は考えられず，電子が存在しうる空間を図に表そうとするならば，原子核を取り囲む雲のように表現するしかない[†2]．

図 1.3 はこの〝雲〟を描いたものである．これを軌道またはオービタルと呼び，s 軌道，p 軌道，d 軌道などの種類がある[†3]．

いちばん上に示した s 軌道は球形で，原子核を中心に等方的な形状をしている．

そのすぐ下に示した p 軌道はダンベルのような形をしていて等方的ではなく，ある方向に伸びたような形状をしている．p 軌道には p_x, p_y, p_z の 3 種類があり，それぞれ x, y, z 方向に伸びた形状をしている．

d 軌道は図のような 5 種類があり，これらの形状も等方的ではない．

さて，こうした軌道は量子力学における波動関数 ψ によって与えられる．そして ψ^2 が，これまで折に触れ述べてきた，ある位置における電子の存在確率を表し，これを確率密度という．

図 1.4 は 1s 軌道，2s 軌道，2p 軌道について，電子の確率密度 ψ^2 と波動関数 ψ の関係を示したものである[†4]．確率密度については値が大きいほど濃い赤色で，小さいほど薄い赤色で表している．波動関数を見ると，

[†2] 10 ページの ひとこと 参照のこと．

[†3] さらに f 軌道，g 軌道，…… がある．

[†4] 図 1.5 でも現れる 1s 軌道や 2s 軌道といった軌道の名前の意味については表 1.2 で述べる．

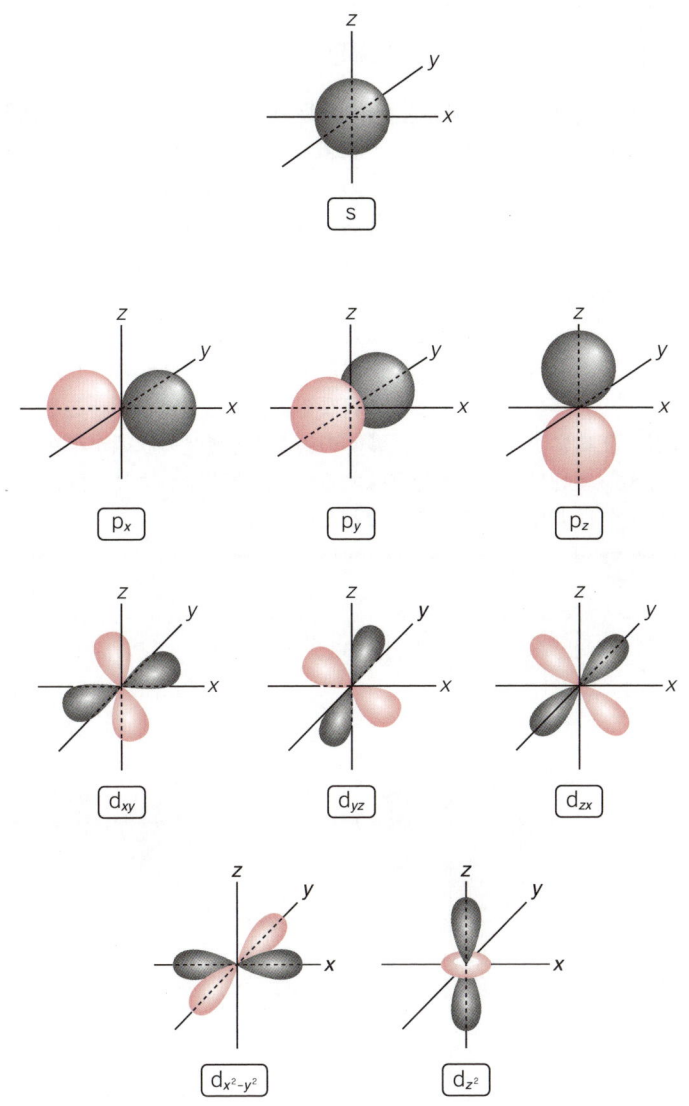

図1.3 軌道の形状

それぞれ節と腹をもつ波の形になっていることがわかるだろう．すなわちこの関数 ϕ こそ"波"であり，粒子の波動性を表している．この波の振幅が大きいところでは確率密度が大きくなり，したがって電子の存在する確率が大きい．一方，節では電子の存在確率がゼロである．1s軌道について見ると，原子核の位置において，電子を見いだす確率が最も高いことがわかる．

ところで電子の存在確率と，原子核からの距離 r との関係を考えるには，距離 r から $r+dr$ までの間の微小体積内に電子を見いだす確率を

節
波動関数 $\phi = 0$ のところを節と呼ぶ．

> **ひとこと　ハイゼンベルクの不確定性原理**
>
> 物質が波動性と粒子性の二重性をもつ場合には，同時にその位置と運動量を正確に決めることのできないことがハイゼンベルクによって1927年に示された．
>
> ハイゼンベルクによれば，位置の不正確さ Δx と運動量の不正確さ Δp_x の間には次の関係が成立する．
>
> $$\Delta x\, \Delta p_x \geq \frac{h}{4\pi}$$
>
> Δx を小さくしよう（すなわち，位置を正確に決めよう）とすると，Δp_x は大きくなる（運動量は不正確になる）．逆に Δp_x を小さくしよう（運動量を正確に決めよう）とすると，Δx は大きくなる（位置は不正確になる）．これをハイゼンベルクの不確定性原理と呼ぶ．
>
> 少し具体的に考えよう．波長が異なる物質波を多数重ね合わせると，波のある部分の振幅が大きくなるが，これはその部分での存在確率が大きくなったということであり，すなわち位置がより正確に決まることを意味する．しかし一方，多数の異なる物質波を重ね合わせるということは，多くの異なる運動量の状態が存在することを意味するから，運動量がより正確には定まらなくなったことになる．

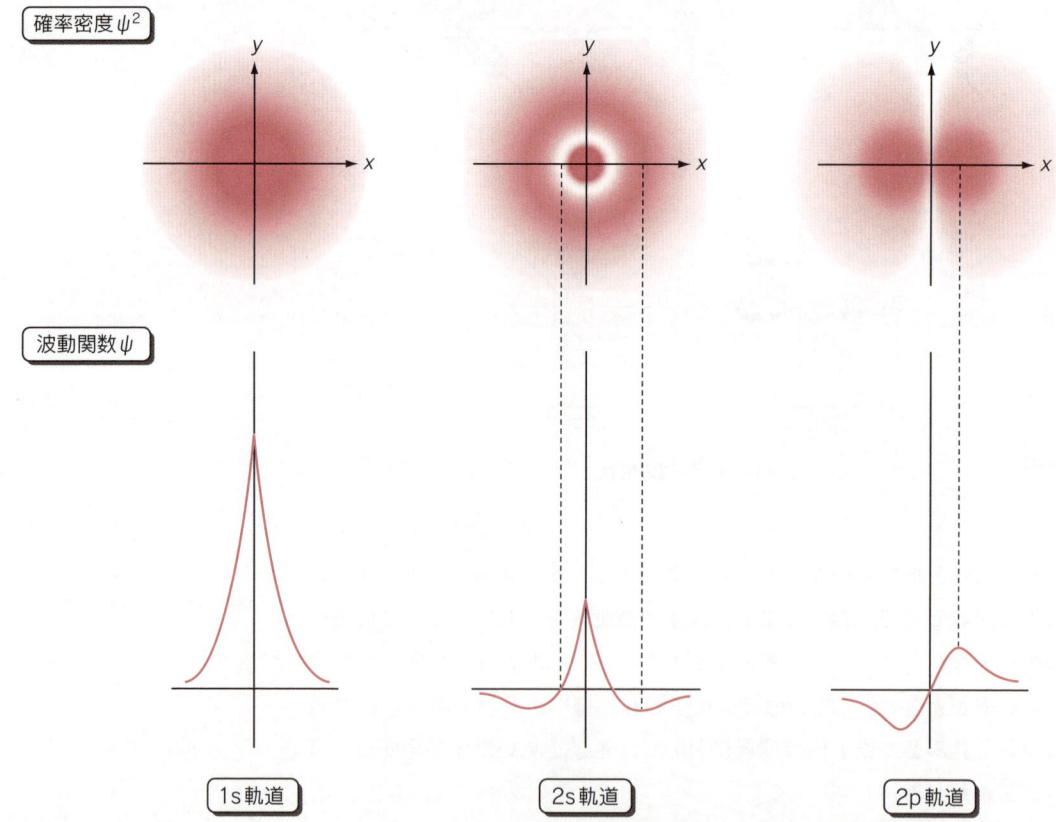

図1.4　**電子の確率密度と波動関数**
それぞれ異なったスケールで描かれているので，空間的な広がりは比較できないことに注意する．

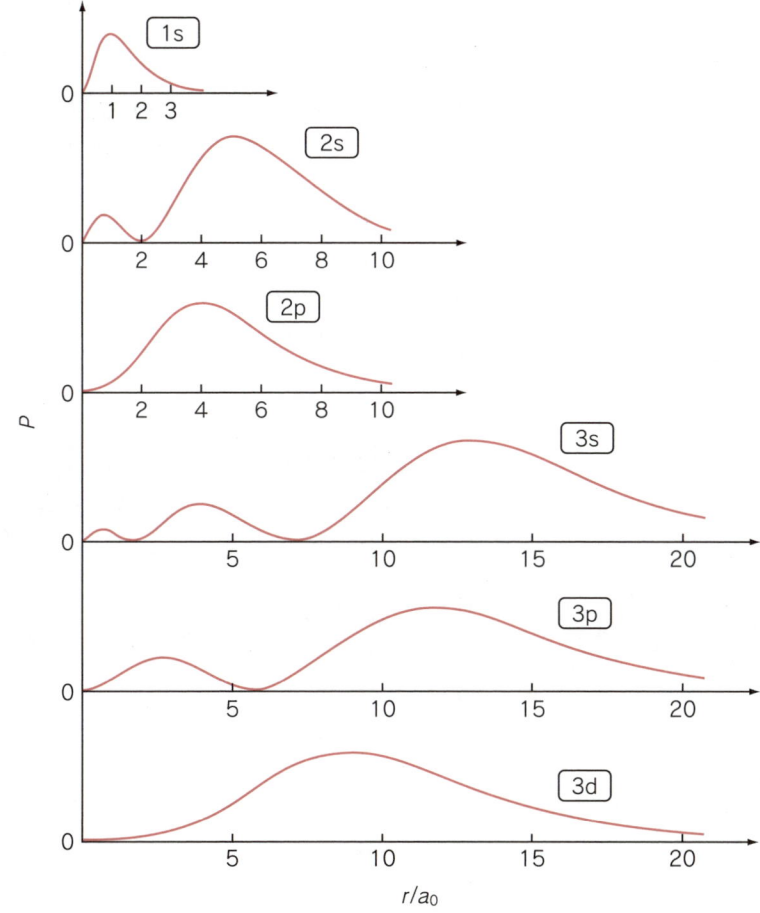

図1.5 動径分布関数

計算するとよい．これが動径分布関数と呼ばれるものである．

図1.5に水素原子の場合（すなわち$Z=1$の場合）の動径分布関数Pを示す．Pの極大値を与えるのは，電子を見いだす確率が最大となるrである．1s軌道の場合には$r/a_0 = 1$で極大値をとり，rはボーア半径a_0に一致している．

ところで，上で述べてきた波動関数ϕは，次のシュレーディンガー方程式によって求められる†．

†12ページのひとこと参照のこと．

$$H\phi = E\phi \tag{1.7}$$

ここでHはハミルトニアンと呼ばれ，目的の系を計算する部分で，演算子である．Eは系のエネルギーである．

この方程式についての詳細は本書の範囲を越えるが，要点だけを述べ

> **ひとこと** **シュレーディンガー方程式**
>
> ここで式 (1.7) として示したシュレーディンガー方程式を導いてみよう.
>
> まず 6 ページの **ひとこと** で式 ③ として示した,波動性と粒子性の二重性を表すド・ブロイの式
>
> $$mv = \frac{h}{\lambda}$$
>
> から,運動エネルギー T が次式で与えられる.
>
> $$T = \frac{1}{2}mv^2 = \frac{1}{2m}\frac{h^2}{\lambda^2} \qquad ①$$
>
> ところでいま波長 λ の定常波を次式で表す.
>
> $$\phi = A \sin \frac{2\pi x}{\lambda}$$
>
> これを 2 回微分すると
>
> $$\frac{d^2\phi}{dx^2} = -\frac{4\pi^2}{\lambda^2} A \sin \frac{2\pi x}{\lambda} = -\frac{4\pi^2}{\lambda^2}\phi \qquad ②$$
>
> よって式 ① と ② から
>
> $$T = -\frac{h^2}{8\pi^2 m}\frac{1}{\phi}\frac{d^2\phi}{dx^2} \qquad ③$$
>
> を得る.この式 ③ は場のない空間,すなわち一定のポテンシャルエネルギー V の空間を運動する粒子にのみ適用される式である.ポテンシャルエネルギー V が変化する場合には,全エネルギーを E として次式が成り立つ.
>
> $$T = E - V \qquad ④$$
>
> ゆえに式 ③ と ④ から次式が得られる.
>
> $$E - V = -\frac{h^2}{8\pi^2 m}\frac{1}{\phi}\frac{d^2\phi}{dx^2}$$
>
> 整理して
>
> $$-\frac{h^2}{8\pi^2 m}\frac{d^2\phi}{dx^2} + V\phi = E\phi \qquad ⑤$$
>
> ここで,ハミルトニアン H を以下のようにおく.
>
> $$H \equiv -\frac{h^2}{8\pi^2 m}\frac{d^2}{dx^2} + V \qquad ⑥$$
>
> 式 ⑥ と ⑤ から
>
> $$H\phi = E\phi$$
>
> が得られる.これは式 (1.7) として示したシュレーディンガー方程式である.

ておくと,ハミルトニアン H を与えれば,エネルギー E と波動関数 ϕ が同時に求まるということである.原子内の電子を例にとれば,ハミルトニアンをつくり,シュレーディンガー方程式を解けば,エネルギー準位と電子の存在確率(すなわち原子の形や大きさ)が同時にわかるということになる.

1.4 電子配置

電子は,前節で述べたようなさまざまな軌道に収容されていく.どの軌道に,どのように電子が収容されているかが,元素の特性を理解するカギとなる.

ここで,あらためて軌道について考えよう.

まずは軌道の分類である.はじめに,高校でも学んだ<u>電子殻</u>について思いだしてほしい.原子核を中心に幾重もの "殻" があり,原子核に近いほうから順に K 殻,L 殻,M 殻,N 殻,…… といった.

電子殻
電子殻には本文で述べたもののほか表 1.3 に示すように,さらに O 殻,P 殻,Q 殻がある.

表1.2 電子殻と軌道

電子殻	軌道
K殻	1s軌道
L殻	2s軌道, 2p軌道
M殻	3s軌道, 3p軌道, 3d軌道
N殻	4s軌道, 4p軌道, 4d軌道, 4f軌道

それぞれの電子殻を構成する軌道の名前の先頭には，すべて共通した数字が付いている．K殻では1，L殻の場合は2，M殻については3，N殻では4という具合である．これを**主量子数**といい，一般にnで表される．

それぞれの電子殻は表1.2の軌道から構成されている．すなわちK殻はs軌道のみからなるが，L殻はs軌道とp軌道からなり，M殻はs軌道，p軌道，d軌道からなっている．さらにN殻はs軌道，p軌道，d軌道，f軌道からなる．なお図1.3でも見たようにs軌道は1種類しかないが，p軌道には3種類，d軌道には5種類ある．

ところで，次の事実が知られている．

> 一つの軌道には，電子は最大2個まで収容される．

したがって，最大でs軌道には2個，p軌道には6個，d軌道には10個の電子が収容される．

原子や分子などにおいて，電子がどの軌道にどのように収容されているかを**電子配置**というが，これで，この電子配置を考える準備が整った．この節の最初で述べたように，この電子配置が元素の特性を理解するカギである．

電子配置は軌道の名前の右肩に，収容されている電子の数を書いて表される．以下に，いくつかの原子の電子配置を示そう．

K殻までの原子

H：$1s^1$　　He：$1s^2$

L殻までの原子

Li：$1s^2 2s^1$　　Be：$1s^2 2s^2$　　B：$1s^2 2s^2 2p^1$　　C：$1s^2 2s^2 2p^2$
N：$1s^2 2s^2 2p^3$　　O：$1s^2 2s^2 2p^4$　　F：$1s^2 2s^2 2p^5$
Ne：$1s^2 2s^2 2p^6$

M殻までの原子

Na：$1s^2 2s^2 2p^6 3s^1$　　Mg：$1s^2 2s^2 2p^6 3s^2$　　Al：$1s^2 2s^2 2p^6 3s^2 3p^1$

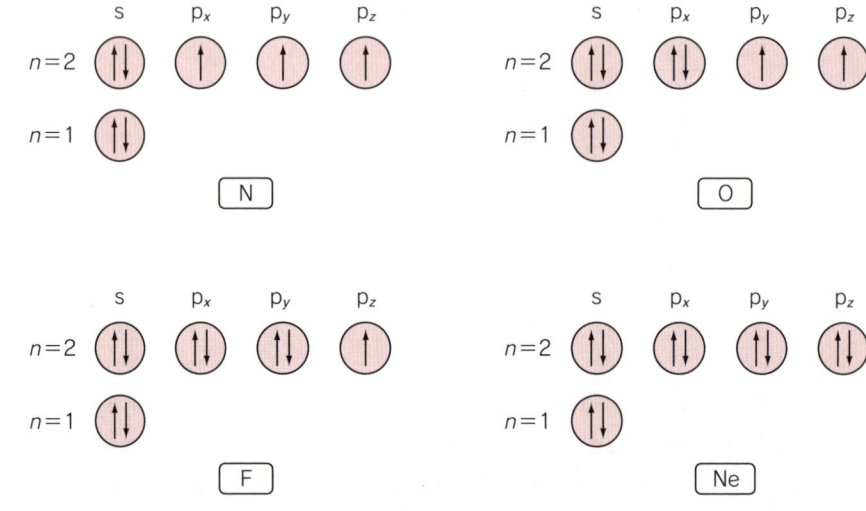

図1.6 N, O, F, Ne の電子配置

$$Si：1s^2\,2s^2\,2p^6\,3s^2\,3p^2 \qquad P：1s^2\,2s^2\,2p^6\,3s^2\,3p^3$$
$$S：1s^2\,2s^2\,2p^6\,3s^2\,3p^4 \qquad Cl：1s^2\,2s^2\,2p^6\,3s^2\,3p^5$$
$$Ar：1s^2\,2s^2\,2p^6\,3s^2\,3p^6$$

これ以降の原子の電子配置については22ページの表1.3, 25ページの表1.4や1.5を見てほしい.

ところで上のように,すべての軌道を並べて書くのは面倒なので,次のように簡単に表すこともある.

$$Li：[He]\,2s^1 \qquad Na：[Ne]\,3s^1 \qquad\qquad (1.8)$$

途中までの電子配置は [ ] 内に示された原子と同じという意味である. なお [ ] 内の原子は電子殻の軌道がすべて電子で満たされており,これを閉殻構造と呼ぶ.

一方,電子配置を図1.6のように示すこともある. ここでは,電子を ↑ と ↓ の矢印で表している. この矢印の上下の向きをスピンと呼ぶ. これは電子が右回り,あるいは左回りに自転しているということなのだと考えてよい.

一つの軌道へは,電子はスピンを逆にして二つまで入る[†]. 同じスピンの電子が二つ入ることはない. これをパウリの排他原理という[†2]. またNやOで見られるように,電子は許される限りスピンを同じ向きに揃えて軌道へ収容される. これをフントの規則という.

[†] 電子はこのようにペアになり電子対をつくる. 一方,電子対をつくっていない電子を不対電子という.
[†2] 15ページのひとこと参照のこと.

> ### パウリの排他原理
>
> 本文で述べたように，電子はどの軌道へも2個以上入ることはできず，また同じ軌道へ2個の電子が入る場合にはスピンが対をつくらなければならない．これが**パウリの排他原理**である．
>
> ところで量子力学では，電子の状態を**量子数**で表す．すでに表1.2に関連して主量子数 n について述べたが，そのほかにも**方位量子数** l，**磁気量子数** m，および**スピン量子数** s がある．
>
> この量子数を使ってパウリの排他原理を表現すれば
>
> **電子は同じ量子数をとることはできない．**
>
> ということになる．

1.5 エネルギー準位

電子のエネルギーはゼロを基準とする．電子を原子核から無限に引き離したとき，すなわち引力も反発力も働いていないときのエネルギーをゼロとする．一方，電子を原子核に近づけるとクーロン引力が働くが，このとき電子のエネルギー準位の値は負になる．もし反発力が働くならば，エネルギー準位の値は正になる．

具体的に図1.7で説明しよう．左から H^+，He^{2+}，Li^{3+} の原子核と電子1個からなる系，すなわち H，He^+，Li^{2+} について電子のエネルギー準位を示してある．このようにエネルギー準位を表した図を**エネルギー準位図**という．

さて図に示すように H の 2s 軌道のエネルギー準位 -3.28×10^2 kJ mol^{-1} は 1s 軌道のそれ -13.1×10^2 kJ mol^{-1} の 1/4 になっている．これは式 (1.6) でわかるようにエネルギー準位が $1/n^2$ に比例するためで，$n=1$ と $n=2$ の比較なので 1/4 になったのである．

また He^+ および Li^{2+} の 1s 軌道のエネルギー準位（-52.5×10^2 kJ mol^{-1} および -118×10^2 kJ mol^{-1}）が H^+ のそれ（-13.1×10^2 kJ mol^{-1}）の 4 倍，9 倍となっている．これは式 (1.6) に表されるように，エネルギー準位が原子核の電荷を表す Z の 2 乗に比例するためである．このように原子番号 Z が大きくなると，1s 軌道のエネルギー準位は急激に低下する．換言すれば，電子がより強く原子核に束縛されるということである．また同時に 1s 軌道と 2s 軌道のエネルギー準位の差は大きくなっていく．

次に He と Li に対するエネルギー準位図を図1.8に示す．図1.7との違いは電子数である．ここでは原子番号 Z と同じ個数の電子をもつ中性原子を考える．図1.7との明らかな違いが認められる．

16 ● 第1章 原子

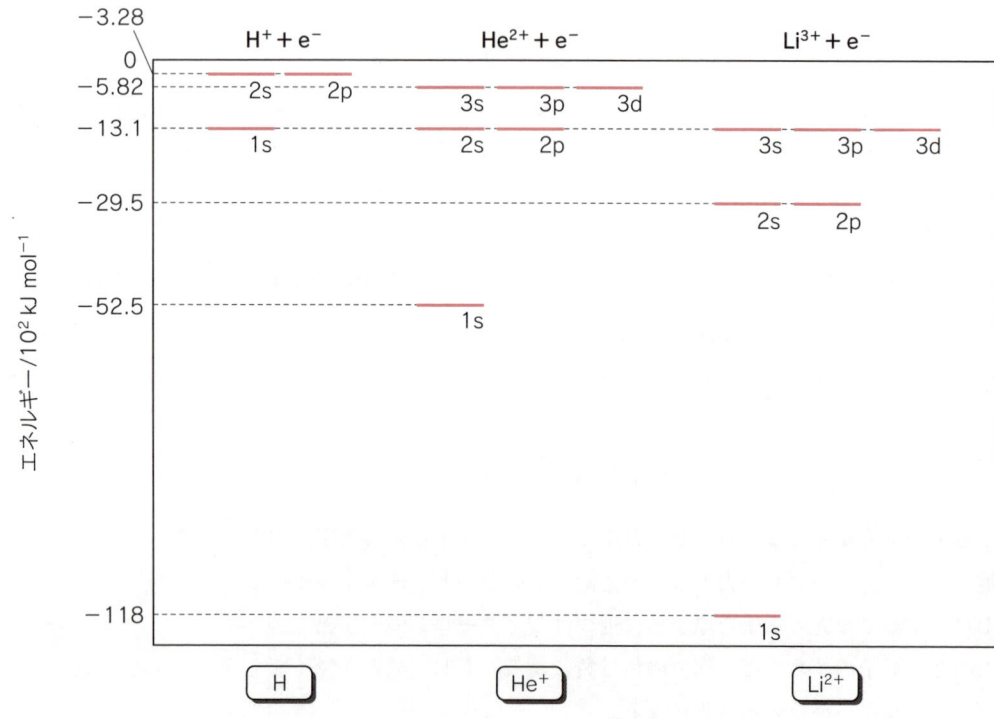

図 1.7　一電子の場合のエネルギー準位図
ここでは3種類あるp軌道，5種類あるd軌道について，それぞれまとめて一つに示した．

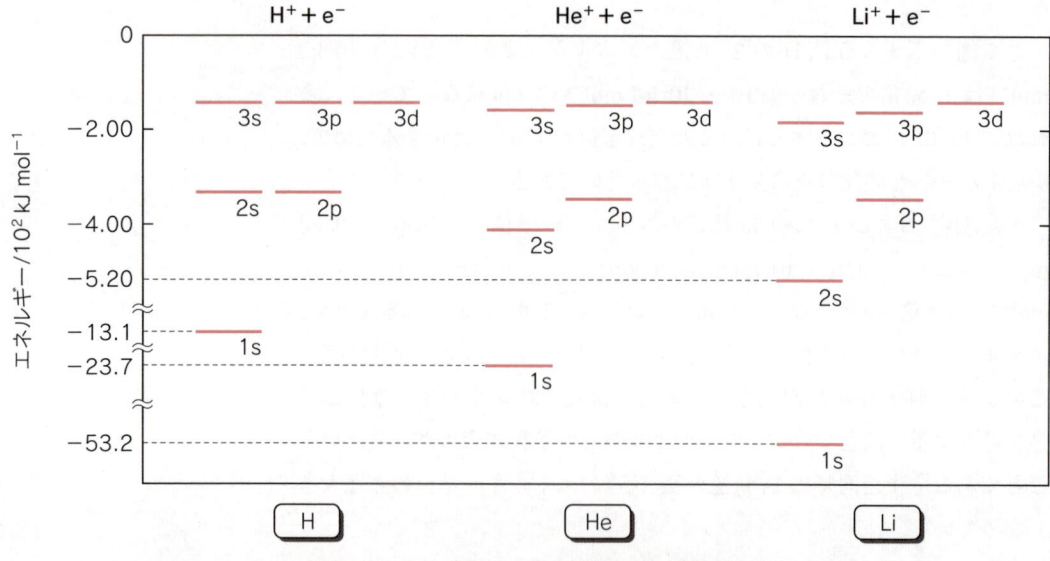

図 1.8　H，HeおよびLiのエネルギー準位図
図1.7と同様，ここでも3種類あるp軌道，5種類あるd軌道について，それぞれまとめて一つに示した．

たとえば He の場合，1s 軌道のエネルギー準位は -23.7×10^2 kJ mol^{-1} である．一つの 1s 軌道に電子が 2 個入るため電子間に反発力が生じ，このため He$^+$ のエネルギー準位 -52.5×10^2 kJ mol^{-1} からの上昇が見られたのである†．したがって，電子間の反発力に相当するエネルギーは

$$-23.7 \times 10^2 - (-52.5 \times 10^2) = 28.8 \times 10^2 \text{ kJ mol}^{-1}$$

となり，かなりの大きさとなる．

同様に Li の場合，1s 軌道のエネルギー準位を Li^{2+} のそれと比べると，両者には

$$-53.2 \times 10^2 - (-118 \times 10^2) = 64.8 \times 10^2 \text{ kJ mol}^{-1}$$

もの違いがあり，ヘリウムの場合よりも差が大きくなっている．これはリチウムの場合には，より原子核に近い小さな軌道のため，電子間の反発力がより大きくなったためと考えられる．

このように電子のエネルギー準位は，原子核と電子の間の引力の効果と，電子間の反発力の効果との差し引き勘定で決まるものである．なお一般に，粒子間に働く引力や反発力を**相互作用**と呼んでいる．

† くり返すが，引力が生じればエネルギー準位は低下し，反発力が生じればエネルギー準位は上昇する．

1.6 イオン化エネルギー

エネルギー準位図から，ただちにイオン化エネルギーを知ることができる．**イオン化エネルギー**とは，最も高いエネルギー準位に収容されている電子を，原子から取り出すのに必要なエネルギーである．したがって，そのエネルギー準位の絶対値がイオン化エネルギーに相当する．たとえば図 1.8 から，He および Li のイオン化エネルギーはそれぞれ 23.7×10^2 kJ mol^{-1} および 5.20×10^2 kJ mol^{-1} となる．

図 1.9 には Li から Ne までのエネルギー準位とイオン化エネルギーを示した．図中に ↑ または ↓ で示されているように，Li から Ne までの原子では，すべて 2s および 2p 軌道にまで電子が収容されている．したがって 2s あるいは 2p 軌道のエネルギー準位がイオン化エネルギーを決定することになる．このようにエネルギー準位がイオン化エネルギーを決めるのである．

また，この図 1.9 に見るように Li から Ne へと原子番号が大きくなるにつれ，イオン化エネルギーは増加する傾向がある．これは原子核のもつ電荷が増大し，電子との間に働くクーロン引力が増大するためであ

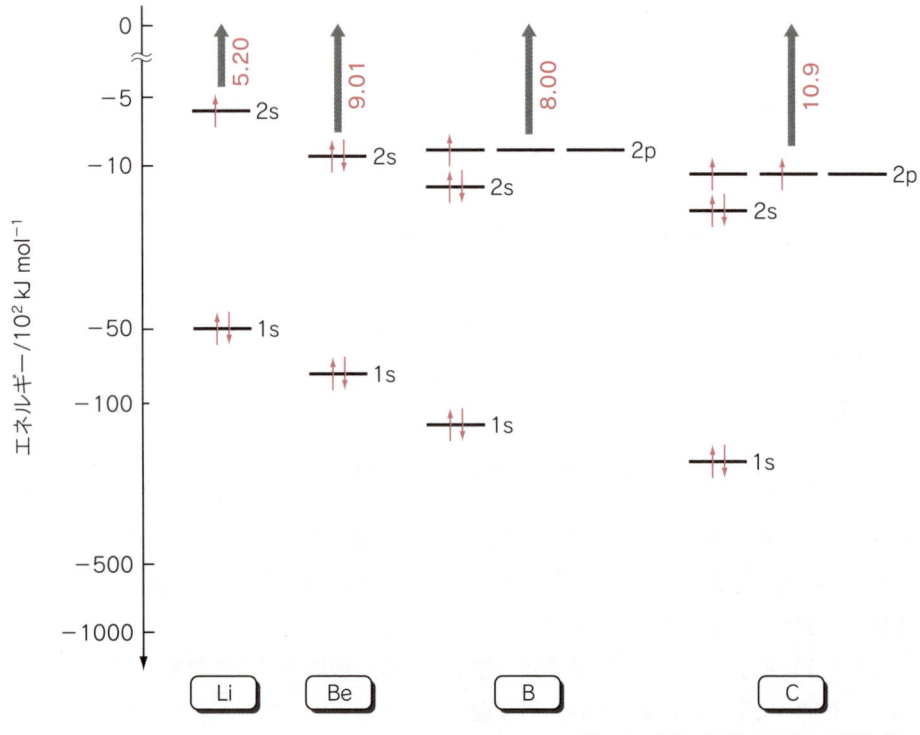

図 1.9　Li から Ne までのエネルギー
グレーの矢印に添えてイオン化エネルギーの値を示した.

る.

　さて，原子番号に対してイオン化エネルギーをプロットしたものが図 1.10 である．イオン化エネルギーの変化に周期性が見られる．すなわち H から He まで，Li から Ne まで，Na から Ar までというまとまりを考えたとき，このまとまりのなかでは，原子番号の増加に伴って，イオン化エネルギーが増大する傾向があり，まとまりの変わり目である He から Li，および Ne から Na のところでイオン化エネルギーが激減する.

　このイオン化エネルギーが激減するタイミングは，新しい電子殻に電子が入り始めるタイミングである．すなわち，考えている電子の収容されている軌道の主量子数が 1 だけ増すところである．主量子数が増すと，エネルギー準位は高くなるので，イオン化エネルギーは小さくなることになる.

　以上見てきたように，イオン化エネルギーに現れる周期性の大まかな傾向は，原子核のもつ電荷の増大と，主量子数の増加によって大ざっぱには説明することができる．そこで次に，もう少しこまかく見た場合に気づく，Be から B へ，および N から O へ変化したときに現れているイオン化エネルギーの減少の理由について考えよう.

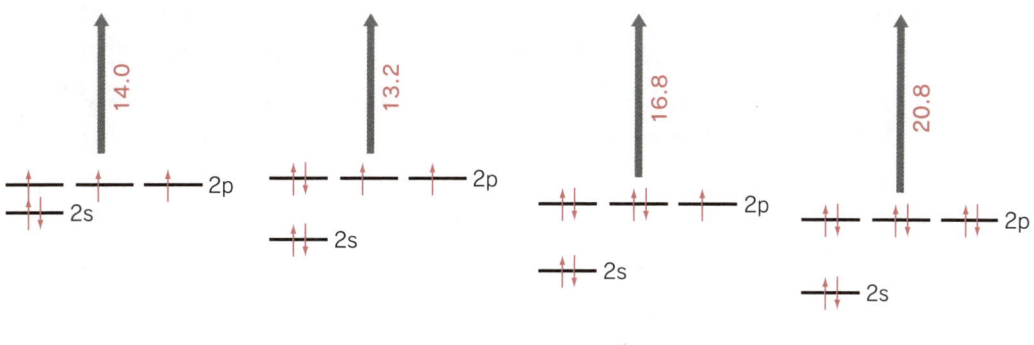

準位とイオン化エネルギー
また収容されている電子を↑または↓で示した．

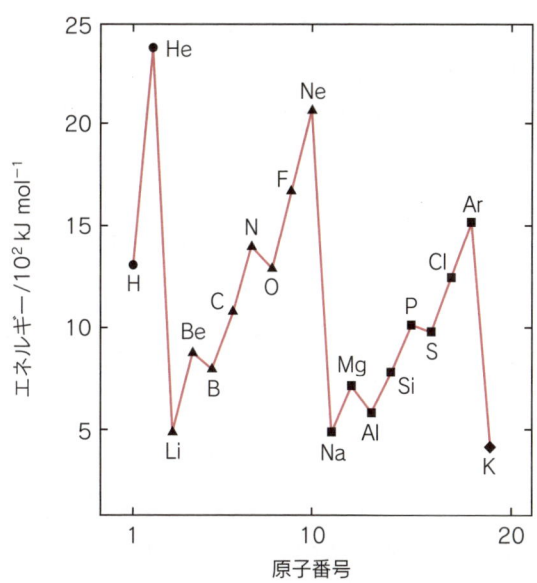

図 1.10 **イオン化エネルギーの周期的変化**
●のプロットは次節で述べる第 1 周期の元素，▲は第 2 周期，■は第 3 周期の元素に相当する．

まず Be から B の間でイオン化エネルギーが減少する理由である．
　これは電子の間の反発の効果によって 2s 軌道と 2p 軌道のエネルギー準位が異なるようになったからである．図 1.4 に示されているように，2s 軌道は原子核のところに節はなく，電子は原子核を通り抜けられる．一方，2p 軌道では原子核のところが節になっており，そこでの電子の存在確率はゼロである．すなわち 2s 軌道の電子は 1s 軌道の"遮へい"を破って"侵入"する機会をもつが，2p 軌道の電子にはそのような機会はなく，遮へいされた状態にある．侵入した 2s 軌道の電子は原子核の電荷をより感じるので 2p 軌道の電子よりもエネルギー的に安定になる（図 1.9）．こうして 2s 軌道と 2p 軌道のエネルギー準位に差が生じ，その結果，Be から B の間でイオン化エネルギーの減少が生じるのである．
　次に N から O の間で見られる減少について考えよう．
　図 1.9 に示すように N までで，すでに三つの 2p 軌道へは 1 個ずつの電子が収容され，O で新たに加わる 8 個目の電子は，すでに 1 個の電子が詰まった 2p 軌道に収容されなければならない．一つの軌道に 2 個の電子が入るため，ここで電子間の反発が大きくなり 2p 軌道のエネルギー準位は高くなる[†]．この結果，N に比べて O のイオン化エネルギーが減少することになる．

[†] O において，原子核のもつ電荷が増大することによる 2p 軌道のエネルギー準位の低下ぶんを，ここで述べた電子間の反発による効果が上まわった結果である．

　このように軌道に電子が次第に収容されていくと，電子どうしの相互作用が顕著になり，エネルギー準位を変化させる．こうした効果が，原子の性質を決める原因となっている．
　さて，これまでは最も高いエネルギー準位に収容されている"1 個目"の電子を取り出すことだけを考えてきた．このときのイオン化エネルギーをとくに**第一イオン化エネルギー**という．しかし同様に 2 個目，3 個目の電子を取り出す場合のイオン化エネルギーを考えることもでき，それぞれ第二イオン化エネルギー，第三イオン化エネルギーという．
　図 1.9 を見てほしい．Li の場合は Li^+ になるための第一イオン化エネルギーは小さいが，2 個目の電子は 1s 軌道から取り出さなければならず，そのため第二イオン化エネルギーは大きくなる．ゆえに Li^{2+} の状態はとりにくい．一方，Be の場合は 2 個目に取り出す電子も高いエネルギー準位である 2s 軌道に収容されているので，第二イオン化エネルギーも比較的小さく，Be^{2+} の状態を比較的とりやすい[†2]．

[†2] 同様な理由で Mg^{2+} や Ca^{2+} などが容易に生成することになる．

　ところでイオン化エネルギーに対して，原子へ電子 1 個を加えたときに放出されるエネルギーを**電子親和力**と呼ぶ．F の場合は

$$F + e^- \longrightarrow F^- \tag{1.9}$$

で 3.39×10^2 kJ mol^{-1} のエネルギーが放出される．すなわち F$^-$ のほうが F＋e$^-$ の状態よりも安定であり，また一般に電子親和力が大きいほど陰イオンになりやすい．F, Cl, Br, I などといった原子は電子親和力が大きい．

電子親和力は原子の結合生成に関して重要な量である．電子 e$^-$ が他の原子のものであれば，結合が生じることは想像できるだろう．

1.7 周期表と価電子

本書の見返しにも示した周期表は，元素を原子番号の順に並べたもので，横の列を周期，縦の列を族という．現在一般に使われている周期表は長周期型と呼ばれるもので，周期は第1周期から第7周期まで，族は1族から18族までとしてまとめられている[†]．

さて以下で，周期表と電子配置の関係について考えよう．

まず第4周期までのそれぞれの周期について，電子が収容されていく軌道を，収容されていく順にあげると，以下のようになる．

第1周期　1s 軌道
第2周期　2s 軌道 → 2p 軌道
第3周期　3s 軌道 → 3p 軌道
第4周期　4s 軌道 → 3d 軌道 → 4p 軌道

[†] 18族まである理由は s, p および d 軌道へ完全に電子が詰まると全部で 18個（2＋6＋10＝18）の電子が収容されるためである．

ここで第4周期において，軌道が主量子数 n の順番通りに現れなくなったことに注意してほしい．すなわち $n = 4$ の軌道から $n = 3$ の軌道に電子が収容されるようになり，再び $n = 4$ の軌道に収容されるようになっている．この原因は軌道のエネルギー準位に逆転が起こっているためである．

具体的に述べよう．表1.3に示した電子配置を見ると，第3周期の最後の元素である原子番号 18 の Ar において，3p 軌道に収容される電子の数が6個に至り，この軌道は電子で満たされる．続く第4周期の最初の元素である原子番号 19 の K では，電子は同じ主量子数 3 の 3d 軌道には入らず，4s 軌道に入る．これは 4s 軌道のほうが 3d 軌道よりもエネルギー準位が低いからである．

4s 軌道は原子核の付近に〝侵入〟する軌道だが，3d 軌道は侵入する効果が最も小さい．侵入した軌道の電子は原子核の電荷をより感じるの

表1.3 原子の電子配置

元素	K	L		M			N				O		
	1s	2s	2p	3s	3p	3d	4s	4p	4d	4f	5s	5p	5d
1 H	1												
2 He	2												
3 Li	2	1											
4 Be	2	2											
5 B	2	2	1										
6 C	2	2	2										
7 N	2	2	3										
8 O	2	2	4										
9 F	2	2	5										
10 Ne	2	2	6										
11 Na	2	2	6	1									
12 Mg	2	2	6	2									
13 Al	2	2	6	2	1								
14 Si	2	2	6	2	2								
15 P	2	2	6	2	3								
16 S	2	2	6	2	4								
17 Cl	2	2	6	2	5								
18 Ar	2	2	6	2	6								
19 K	2	2	6	2	6		1						
20 Ca	2	2	6	2	6		2						
21 Sc	2	2	6	2	6	1	2						
22 Ti	2	2	6	2	6	2	2						
23 V	2	2	6	2	6	3	2						
24 Cr	2	2	6	2	6	5	1						
25 Mn	2	2	6	2	6	5	2						
26 Fe	2	2	6	2	6	6	2						
27 Co	2	2	6	2	6	7	2						
28 Ni	2	2	6	2	6	8	2						
29 Cu	2	2	6	2	6	10	1						
30 Zn	2	2	6	2	6	10	2						
31 Ga	2	2	6	2	6	10	2	1					
32 Ge	2	2	6	2	6	10	2	2					
33 As	2	2	6	2	6	10	2	3					
34 Se	2	2	6	2	6	10	2	4					
35 Br	2	2	6	2	6	10	2	5					
36 Kr	2	2	6	2	6	10	2	6					
37 Rb	2	2	6	2	6	10	2	6			1		
38 Sr	2	2	6	2	6	10	2	6			2		
39 Y	2	2	6	2	6	10	2	6	1		2		
40 Zr	2	2	6	2	6	10	2	6	2		2		
41 Nb	2	2	6	2	6	10	2	6	4		1		
42 Mo	2	2	6	2	6	10	2	6	5		1		
43 Tc	2	2	6	2	6	10	2	6	5		2		
44 Ru	2	2	6	2	6	10	2	6	7		1		
45 Rh	2	2	6	2	6	10	2	6	8		1		
46 Pd	2	2	6	2	6	10	2	6	10				
47 Ag	2	2	6	2	6	10	2	6	10		1		
48 Cd	2	2	6	2	6	10	2	6	10		2		
49 In	2	2	6	2	6	10	2	6	10		2	1	
50 Sn	2	2	6	2	6	10	2	6	10		2	2	
51 Sb	2	2	6	2	6	10	2	6	10		2	3	
52 Te	2	2	6	2	6	10	2	6	10		2	4	
53 I	2	2	6	2	6	10	2	6	10		2	5	
54 Xe	2	2	6	2	6	10	2	6	10		2	6	

元素	K	L	M	N				O					P						Q
				4s	4p	4d	4f	5s	5p	5d	5f	5g	6s	6p	6d	6f	6g	6h	7s ⋯
55 Cs	2	8	18	2	6	10		2	6				1						
56 Ba	2	8	18	2	6	10		2	6				2						
57 La	2	8	18	2	6	10		2	6	1			2						
58 Ce	2	8	18	2	6	10	1	2	6	1			2						
59 Pr	2	8	18	2	6	10	3	2	6				2						
60 Nd	2	8	18	2	6	10	4	2	6				2						
61 Pm	2	8	18	2	6	10	5	2	6				2						
62 Sm	2	8	18	2	6	10	6	2	6				2						
63 Eu	2	8	18	2	6	10	7	2	6				2						
64 Gd	2	8	18	2	6	10	7	2	6	1			2						
65 Tb	2	8	18	2	6	10	9	2	6				2						
66 Dy	2	8	18	2	6	10	10	2	6				2						
67 Ho	2	8	18	2	6	10	11	2	6				2						
68 Er	2	8	18	2	6	10	12	2	6				2						
69 Tm	2	8	18	2	6	10	13	2	6				2						
70 Yb	2	8	18	2	6	10	14	2	6				2						
71 Lu	2	8	18	2	6	10	14	2	6	1			2						
72 Hf	2	8	18	2	6	10	14	2	6	2			2						
73 Ta	2	8	18	2	6	10	14	2	6	3			2						
74 W	2	8	18	2	6	10	14	2	6	4			2						
75 Re	2	8	18	2	6	10	14	2	6	5			2						
76 Os	2	8	18	2	6	10	14	2	6	6			2						
77 Ir	2	8	18	2	6	10	14	2	6	7			2						
78 Pt	2	8	18	2	6	10	14	2	6	9			1						
79 Au	2	8	18	2	6	10	14	2	6	10			1						
80 Hg	2	8	18	2	6	10	14	2	6	10			2						
81 Tl	2	8	18	2	6	10	14	2	6	10			2	1					
82 Pb	2	8	18	2	6	10	14	2	6	10			2	2					
83 Bi	2	8	18	2	6	10	14	2	6	10			2	3					
84 Po	2	8	18	2	6	10	14	2	6	10			2	4					
85 At	2	8	18	2	6	10	14	2	6	10			2	5					
86 Rn	2	8	18	2	6	10	14	2	6	10			2	6					
87 Fr	2	8	18	2	6	10	14	2	6	10			2	6					1
88 Ra	2	8	18	2	6	10	14	2	6	10			2	6					2
89 Ac	2	8	18	2	6	10	14	2	6	10			2	6	1				2
90 Th	2	8	18	2	6	10	14	2	6	10			2	6	2				2
91 Pa	2	8	18	2	6	10	14	2	6	10	2		2	6	1				2
92 U	2	8	18	2	6	10	14	2	6	10	3		2	6	1				2
93 Np	2	8	18	2	6	10	14	2	6	10	4		2	6	1				2
94 Pu	2	8	18	2	6	10	14	2	6	10	6		2	6					2
95 Am	2	8	18	2	6	10	14	2	6	10	7		2	6					2
96 Cm	2	8	18	2	6	10	14	2	6	10	7		2	6	1				2
97 Bk	2	8	18	2	6	10	14	2	6	10	9		2	6					2
98 Cf	2	8	18	2	6	10	14	2	6	10	10		2	6					2
99 Es	2	8	18	2	6	10	14	2	6	10	11		2	6					2
100 Fm	2	8	18	2	6	10	14	2	6	10	12		2	6					2
101 Md	2	8	18	2	6	10	14	2	6	10	13		2	6					2
102 No	2	8	18	2	6	10	14	2	6	10	14		2	6					2
103 Lr	2	8	18	2	6	10	14	2	6	10	14		2	6	1				2
104 Rf	2	8	18	2	6	10	14	2	6	10	14		2	6	2				2
105 Db	2	8	18	2	6	10	14	2	6	10	14		2	6	3				2
106 Sg	2	8	18	2	6	10	14	2	6	10	14		2	6	4				2

アクチノイドに属する元素には，正確な電子配置が知られていないものが多い．

で，エネルギー的に安定になる．このような理由で 4s 軌道のエネルギー準位は 3d 軌道よりも低くなる．

以上のような関係をさらに先まで見ていくと，電子が収容される軌道の順序は次のようになっていることがわかる．

> 1s → 2s → 2p → 3s → 3p → 4s → 3d → 4p → 5s → 4d → 5p → 6s → 5d → 4f → 6p

これを**構成原理**と呼ぶ．

次に，族について電子配置を見ていくが，その前に一つ定義をしておく．以下では，それぞれの原子で最も外側にある電子殻を考えることが多いが，この電子殻を**最外殻**と呼ぶ．

さて，まず 1 族と 2 族では，最外殻の電子は s 軌道に収容される．

続く 3 族から 12 族では，原子番号の増加とともに，d 軌道へ順に 1 個から 10 個までの電子が収容されていく．

そして 13 族から 18 族では，原子番号の増加とともに，p 軌道へ順に 1 個から 6 個までの電子が収容されていく†．

しかし例外もある．

原子番号 57 の La は 3 族で 5d 軌道に 1 個の電子が収容されているが，その次の原子番号 58 である Ce では，構成原理からわかるように 4f 軌道に電子が収容されてしまうため，そのままでは 1 族から 18 族までのいずれにも属さなくなり，このため周期表上では**ランタノイド**と呼ばれる別枠を設けて，そこへ分類されている．ランタノイドには La から原子番号 71 の Lu が属し，また La を除いたそれぞれの元素を**ランタニド**ということがある．ランタノイドの化学的性質は互いに類似している．

同じように原子番号 89 の Ac から原子番号 103 の Lr までを別枠に分類し，**アクチノイド**と呼んでいる．また Ac を除いたそれぞれの元素を**アクチニド**ということがある．

ここで次に，最外殻に収容されている電子について考えることにする．このような電子を**価電子**と呼ぶ．

価電子は原子のいちばん外側にあるので，原子核からの束縛が最も弱い．すなわち価電子は取れやすく，他の原子に与えられやすい．他の原子へ電子が移るということは，化学反応が起こるということである．化学的性質の類似は，価電子の電子配置が同じであることに起因するのである．

このことを具体的に見ていこう．

典型元素と遷移元素
原子番号の増加に従って d 軌道あるいは f 軌道に電子が収容されていく元素を**遷移元素**といい，3 族から 12 族までの元素がこれに相当する（12 族を含めないこともある）．一方，1 族と 2 族，および 13 族から 18 族までの元素を**典型元素**という．

同じ周期内において，遷移元素は化学的性質の変化が比較的穏やかであるが，典型元素は明確な変化を示す．

† 以上のように最外殻を形成する軌道が，1 族と 2 族では s 軌道，3 族から 12 族では d 軌道，13 族から 18 族では p 軌道となっているのは，上述のように 4s 軌道のほうが 3d 軌道よりもエネルギー準位が低いからである．

価電子
第 2 章でくわしく述べるように，これは化学結合の形成に関係する電子である．このことは 8.1.2 項で重要になる．

表1.4 アルカリ金属の電子配置

元素	K	L		M			N				O			P	
	1s	2s	2p	3s	3p	3d	4s	4p	4d	4f	5s	5p	5d	6s	6p
Li	2	1													
Na	2	2	6	1											
K	2	2	6	2	6		1								
Rb	2	2	6	2	6	10	2	6			1				
Cs	2	2	6	2	6	10	2	6	10		2	6		1	

表1.5 ハロゲンの電子配置

元素	K	L		M			N				O		
	1s	2s	2p	3s	3p	3d	4s	4p	4d	4f	5s	5p	5d
F	2	2	5										
Cl	2	2	6	2	5								
Br	2	2	6	2	6	10	2	5					
I	2	2	6	2	6	10	2	6	10		2	5	

まず，水素を除く1族元素を総称して**アルカリ金属**というが，表1.4は，このアルカリ金属の電子配置を示したものである．いずれもs軌道に電子が1個存在しているが，この価電子のイオン化エネルギーは小さく，原子から取れやすい．したがってアルカリ金属は，いずれも Li^+，Na^+，K^+，Rb^+，Cs^+ などといった1価の陽イオンになりやすい．

次に表1.5を見てみよう．**ハロゲン**と総称される17族元素について電子配置を示した．いずれの元素も7個の価電子をもち，この最外殻へさらに1個の電子を加えて F^-，Cl^-，Br^-，I^- などといった1価の陰イオンとなって安定化する傾向が大きい．また**希ガス**と総称される18族元素が化学的に不活性であることは，これらと同じ電子配置をもっていることで説明される．

そのほか，たとえばCとSiとについて考えると，表1.3からわかるように，いずれもs軌道の電子が2個，p軌道の電子が2個という同じ価電子の電子配置をしている．このためCとSiの化学的性質は類似するのである．

1.8 有効核電荷と原子の半径

2個以上の電子をもった原子において，ある電子に着目したとき，この電子は，より原子核に近い軌道にある電子が原子核の正電荷を**遮へい**するように感じる．このとき，この着目した電子が感じる原子核の正電

アルカリ金属
水素を除く1族元素は，固体では電子を放出して金属のように振る舞い，電気を通す．そのためアルカリ"金属"と呼ばれる．

陽イオンと陰イオン
陽イオンは正イオンあるいは**カチオン**とも呼ばれる．また陰イオンは負イオンあるいは**アニオン**とも呼ばれる．

荷を有効核電荷という．

有効核電荷には以下のような規則がある．すなわち

> 軌道をいま次のようなグループに分ける．
> 　　1s　　2s, 2p　　3s, 3p　　3d　　4s, 4p　　4d　　4f　……
>
> このとき
> ① 着目する電子が属するグループより，あとに並んだグループの電子は原子核の電荷を遮へいしない．
> ② 着目する電子と同じグループに属する他の電子は，1個当り $0.35\,e$ だけの電荷を遮へいする．
> ③ 着目する電子が s または p 軌道に収容された電子のとき，その一つ前のグループに属する電子は 1 個当り $0.85\,e$，さらにその一つ前のグループに属する電子は 1 個当り e だけの電荷を遮へいする．
> ④ 着目する電子が d または f 軌道に収容された電子のとき，その前に並んだすべてのグループの電子は 1 個当り e だけの電荷を遮へいする．

† Z^*e ではなく，Z^* のみを指して有効核電荷という場合もある．

表 1.6 に，いくつかの元素について価電子の有効核電荷 Z^*e を示す†．Li から Ne まで有効核電荷は増加していき，Ne から Na へ周期が変わると減少する．同様な傾向は，図 1.10 のイオン化エネルギーのグラフでも見られたことに注意してほしい．イオン化エネルギーが大きいということは，価電子がそれだけ原子核からの電荷をより感じているという

表 1.6　価電子の有効核電荷 Z^*e と原子の半径 r

	Z^*e	$r/\text{Å}$
H	$1.00\,e$	0.3
He	$1.65\,e$	0.93
Li	$1.30\,e$	1.52
Be	$1.95\,e$	1.13
B	$2.60\,e$	0.88
C	$3.25\,e$	0.77
N	$3.90\,e$	0.70
O	$4.55\,e$	0.66
F	$5.20\,e$	0.64
Ne	$5.85\,e$	1.12
Na	$2.20\,e$	1.86
Mg	$2.85\,e$	1.60

1.8 有効核電荷と原子の半径

表 1.7 原子およびイオンの半径

1	2	3	4	5	6	7	8	9	10	11	12	13	14	15	16	17	18
H 0.3																	He 0.93
Li 1.52 Li$^+$ 0.60	Be 1.13 Be^{2+} 0.31											B 0.88 B^{3+} 0.20	C 0.77 C^{4+} 0.15	N 0.70	O 0.66 O^{2-} 1.40	F 0.64 F$^-$ 1.36	Ne 1.12
Na 1.86 Na$^+$ 0.95	Mg 1.60 Mg^{2+} 0.65											Al 1.43 Al^{3+} 0.50	Si 1.17 Si^{4+} 0.41	P 1.10	S 1.04 S^{2-} 1.84	Cl 0.99 Cl$^-$ 1.81	Ar 1.54
K 2.31 K$^+$ 1.33	Ca 1.97 Ca^{2+} 0.97	Sc 1.60 Sc^{3+} 0.81	Ti 1.46	V 1.31	Cr 1.25	Mn 1.29	Fe 1.26	Co 1.25	Ni 1.24	Cu 1.28 Cu$^+$ 0.96	Zn 1.33 Zn^{2+} 0.74	Ga 1.22 Ga^{3+} 0.62	Ge 1.22 Ge^{4+} 0.53	As 1.21	Se 1.17 Se^{2-} 1.98	Br 1.14 Br$^-$ 1.95	Kr 1.69
Rb 2.44 Rb$^+$ 1.48	Sr 2.15 Sr^{2+} 1.13	Y 1.80 Y^{3+} 0.93	Zr 1.57	Nb 1.41	Mo 1.36	Tc 1.3	Ru 1.33	Rh 1.34	Pd 1.38	Ag 1.44 Ag$^+$ 1.26	Cd 1.49 Cd^{2+} 0.97	In 1.62 In^{3+} 0.81	Sn 1.4 Sn^{4+} 0.71	Sb 1.41	Te 1.37 Te^{2-} 2.21	I 1.33 I$^-$ 2.16	Xe 1.90
Cs 2.62 Cs$^+$ 1.69	Ba 2.17 Ba^{2+} 1.35	La 1.88 La^{3+} 1.15	Hf 1.57	Ta 1.43	W 1.37	Re 1.37	Os 1.34	Ir 1.35	Pt 1.38	Au 1.44 Au$^+$ 1.37	Hg 1.55 Hg^{2+} 1.10	Tl 1.71 Tl^{3+} 0.95	Pb 1.75 Pb^{4+} 0.84	Bi 1.46	Po 1.4	At 1.4	Rn 2.2
Fr 2.7	Ra 2.20	Ac 2.0															

数値の単位は Å である．

ことでもある.

　また同じ周期内で比べると，有効核電荷が大きいほど，原子の半径が小さい傾向のあることがわかる．大きな有効核電荷に，電子がより強く引きつけられる結果である.

　以上からわかるように，有効核電荷が大きいこととイオン化エネルギーが大きいこと，原子の半径が小さいこととは互いに結びついている.

　さらにイオンについて考えれば，陽イオンとは電子が足りない状態なので，価電子の有効核電荷は大きく，そのため陽イオンのイオン半径は小さくなる．一方，陰イオンでは有効核電荷が小さくなって，イオン半径は大きくなる．表1.7に示した原子およびイオンの半径で，以上述べたことを確認してほしい.

原子とイオンの半径
ここでは，きちんとした定義を述べないが，おおよそ最外殻の大きさのことであると理解しておけばよい.

―――― 章末問題 ――――

1.1 図1.11に示すように，Nにおいては $2p_x$, $2p_y$, $2p_z$ 軌道に電子が一つずつ対をつくらずに収容されている．この理由を簡単に説明せよ.

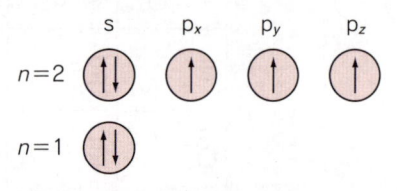

図1.11　Nの電子配置

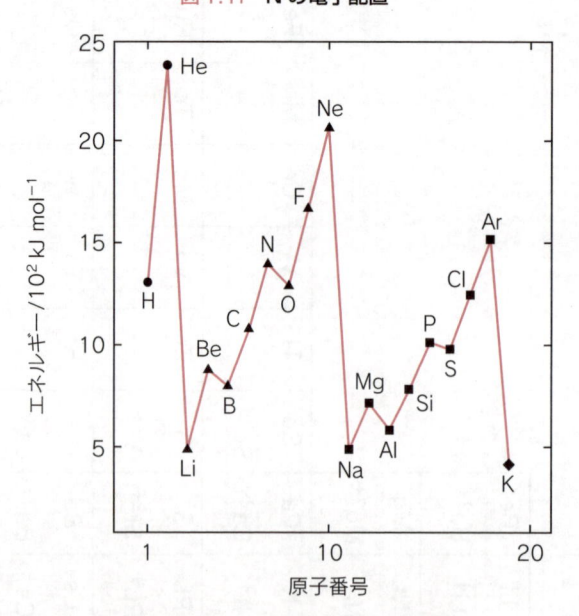

図1.12　イオン化エネルギーの変化

1.2 図 1.12 は，原子番号とイオン化エネルギーの関係を示したものである．これについて以下の問いに答えよ．
   (a) He から Li でイオン化エネルギーがいちじるしく減少する理由を述べよ．
   (b) Be から B で見られるイオン化エネルギーの減少は 2s 軌道と 2p 軌道の間でエネルギー準位の差が生じたことに起因する．エネルギー準位に差が生じる理由を述べよ．
   (c) アルカリ金属（Li, Na, K, Rb, Cs）のイオン化エネルギーは原子番号が大きくなるほど小さくなる．この理由を簡単に説明せよ．
1.3 典型元素と遷移元素の違いを説明せよ．
1.4 次のそれぞれについてどちらの半径が大きいか．
   (a) Li と Be   (b) Li と Li^+ (c) F と F^-

第2章　化学結合

　化学結合とは，原子と原子が電子を介して結びつくことである．化学反応とはこの結合の組替えであるので，物質がどのような化学結合をしているかを知ることは，化学の中心的な課題となる．
　化学結合には，大きく分けて共有結合，イオン結合，金属結合がある．そのほかに配位結合，水素結合，分子間力などがある．本章では，こうした結合それぞれについて述べていく．
　それぞれの化学結合がどのようなメカニズムで，なぜ結合が生じるかについて理解することが，ここでの目標である．化学結合が生じるとはエネルギー的に安定になることだから，どのようにしてエネルギーが低くなるかに注目することがポイントになる．

2.1　共有結合

2.1.1　結合をもたらす力

　共有結合とは，原子間で2個の電子，すなわち電子対を共有し安定化する結合である．なぜ結合が生じるかを図2.1で簡単に説明しよう．

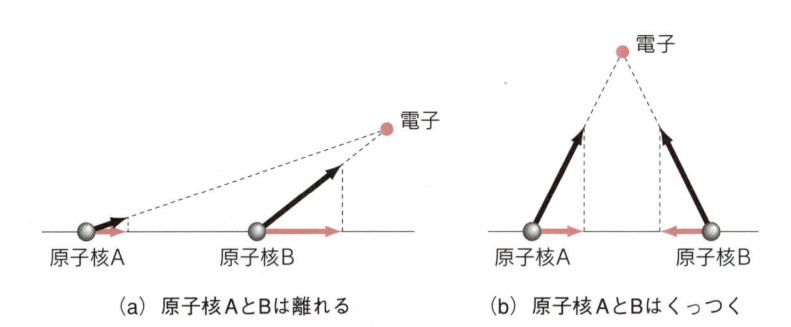

(a) 原子核AとBは離れる　　(b) 原子核AとBはくっつく

図2.1　二つの原子核の間に働く力

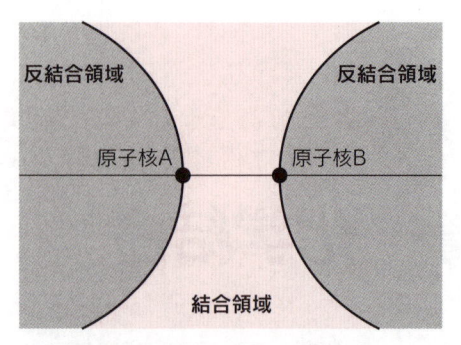

図2.2 電子の位置と結合の形成

図で見るように，(a)では原子核AとBの外側に電子が位置しており，(b)ではAとBの間に電子がある．正電荷をもった原子核と電子はクーロン引力で引きあうが，しかし(a)の場合には，力のベクトルの分解と合成からわかるように，原子核AとBには互いに離れていくような力が生じる．一方，(b)の場合にはAとBが互いに引き寄せられるような力が生じる．すなわち原子核と原子核の間に存在する電子が〝のり〟のような役割をし，二つの原子を結合させる働きをする．

それでは，どの辺りに電子が存在すれば，原子は結合するのだろうか．これを図2.2に示す．電子が双曲線の内側（赤色の領域）に存在するとき，原子核間に引力が働き，原子は結合する．このときの電子は結合性の電子といえる．一方，双曲線の外側（グレーの領域）に電子が存在するときには，原子核は互いに離れていこうとする．これは反結合性の電子である．

さて第1章で，原子においては電子が軌道として分布していることを述べた．原子が結合してできる分子の場合にも同様に電子の軌道があり，これを分子軌道と呼ぶ．分子軌道には結合性分子軌道と反結合性分子軌道の二つがある．結合性分子軌道は主として原子核と原子核の間にあって原子どうしを結びつけるが，もう一方の反結合性分子軌道は原子どうしを引き離すように働く．

2.1.2 分子軌道とエネルギー準位

第1章で，電子の波動関数 ϕ の2乗は電子の存在確率に比例することを述べた．すなわち，電子がどこにどれだけの確率で存在するかを表現するのが波動関数であった．したがって結合の生成時に，電子がどこに存在するかを表すのもまた波動関数ということになる．

波動関数は，波の性質をもつので重ね合わせの原理が成り立つ．これ

高校化学とルイス構造式

高校の化学ではルイス構造式を使って共有結合を表していた．ルイス構造式とは元素記号の周りに点を描いて価電子を表すもので，1個の点が価電子1個に相当する．たとえば塩素原子は

$\cdot\ddot{\mathrm{Cl}}:$

と表される．さて塩素分子は，二つの塩素原子が価電子1個ずつを出しあって，2個の電子を共有することで生じるから

$:\ddot{\mathrm{Cl}}\cdot + \cdot\ddot{\mathrm{Cl}}: \longrightarrow :\ddot{\mathrm{Cl}}:\ddot{\mathrm{Cl}}:$

と書ける．ここで塩素分子のそれぞれの塩素原子が希ガスと同じように，8個の価電子をもつようになったことに注意しよう．一般に共有結合においてはこのように，それぞれの原子の価電子が8個の状態になる（ただし水素は例外である）．これをオクテット則または八隅子則という．

上の塩素分子で見るような単純な共有結合の場合にはルイス構造式を使って考えることができるが，大学における化学では，このルイス構造式では手に負えない場合を扱わなければならなくなる．

そこで登場するのが，本文で述べている分子軌道による取扱いである．この2.1節のポイントは，共有結合を分子軌道で考えるところにある．

原子軌道

分子軌道に対して，原子における電子の軌道をとくに原子軌道という．

は，波と波との足し算（重ね合わせ）で合成波を表現できるというもので，原子から分子ができる際の波動関数を考察するときには，この波の重ね合わせを考える．

図 2.3 は，原子と原子が接近して波動関数が足し合わされ，新しい波動関数ができる過程を示している．$\phi_A(1s)$ と $\phi_B(1s)$ はそれぞれ原子 A と原子 B の 1s 軌道（原子軌道）の波動関数である．振幅が大きいところは電子の存在確率が大きいことを意味する．原子 A と原子 B のそれぞれの 1s 軌道が互いに近づくと，(b) と (c) に赤色で示したような二つの分子軌道ができる．(b) は〝山〟の向きを同じにして近づいた場合であり，(c) は〝山〟の向きを逆にして近づいた場合である．

このように，原子が近づいたとき二つの波動関数は合成される．すなわち，単純に足し合わされて新たな波動関数ができる．(b) は結合性分子軌道で

$$\phi_A(1s) + \phi_B(1s) \tag{2.1}$$

で表される．一方，(c) は反結合性分子軌道で

$$\phi_A(1s) - \phi_B(1s) \tag{2.2}$$

で表される．

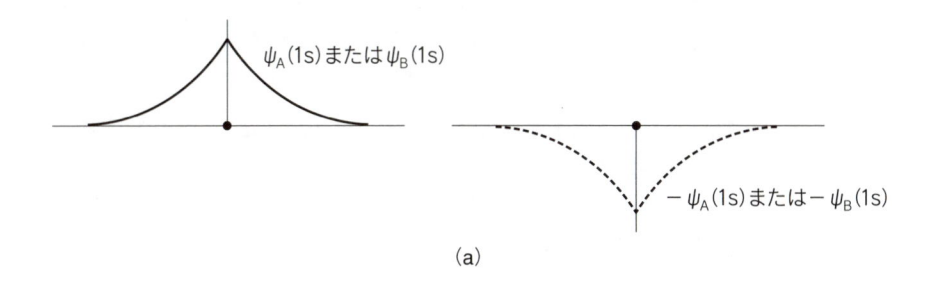

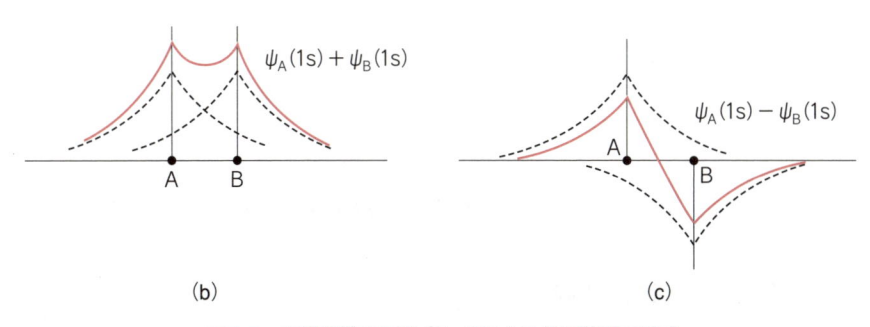

図 2.3 波動関数の重ね合わせによる分子軌道の形成

さて，この二つの合成波の振幅に注目しよう．原子核 A と原子核 B の間を見ると，(b) のほうは振幅が大きくなっていることがわかる．すなわち原子核 A と原子核 B の間で電子の存在確率が大きくなっている．したがって，この (b) のような結合性分子軌道に電子が存在すると，原子 A と原子 B を結合させる効果を生じることになる．一方，(c) を見ると，原子核 A と原子核 B の間で急激に振幅が小さくなり，振幅がゼロになるところが現れる．すなわち原子核の間における電子の存在確率は小さく，ゼロになるところもある[†]．したがって，こうした (c) のような反結合性分子軌道に電子が存在すると結合を切る効果が生じる．

[†] 一方で，原子核間の外側における電子の存在確率が比較的大きい．

ところで図 2.3 で見たように，二つの原子軌道からは二つの分子軌道が生じている．このことはぜひ記憶しておいてほしい．同様に，三つの原子軌道からは三つの分子軌道が，四つの原子軌道からは四つの分子軌道ができる．

さて次に，図 2.4 を見ながら分子軌道のエネルギー準位を考えよう．

まず，原子軌道の場合を思いだそう．原子核の近くに存在する電子は安定で，エネルギー準位が低かった．分子の場合でも，結合性分子軌道と反結合性分子軌道で同じことがいえる．

図に示すように，結合性分子軌道のエネルギー準位は，元の原子軌道のエネルギー準位よりも低い．電子が二つの原子核の間に位置するので，よりエネルギー的に安定になるのである．一方，反結合性分子軌道のエネルギー準位は高い．これは電子が二つの原子核間の外側に位置し，弱く束縛されていることから理解できるだろう．

結合性分子軌道に電子が収容されると，それだけ分子が安定化する．こうして，分子が分子として存在できることになる．

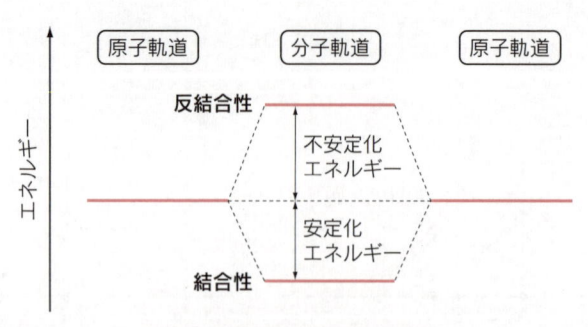

図 2.4 分子軌道のエネルギー準位

2.1.3 結合次数

すでによく知られているように H_2 は存在するが，He_2 は存在しない．

表2.1 電子の数と結合次数

	H_2^+	H_2	He_2^+	He_2
反結合性軌道の電子数	0	0	1	2
結合性軌道の電子数	1	2	2	2
結合次数	1/2	1	1/2	0
結合エネルギー[a]/kJ mol^{-1}	270.3	452.5	301.7	0.08

a) 実測値.

まず，この理由から考えよう．

いま二つの 1s 軌道から生じた結合性軌道と反結合性軌道に電子を詰めていこう．H_2 の場合，電子が合計で 2 個あり，両方ともエネルギー準位の低い結合性軌道に入れることができる．そのため安定化し，分子をつくることができる．一方，He_2 の場合は電子が 4 個あるので，表 2.1 のようにエネルギー準位の高い反結合性軌道にも 2 個の電子を入れなければならない．すると図 2.4 からわかるように，結合性軌道に 2 個の電子が入ることによって得られた安定化エネルギーが，反結合性軌道に入る，この 2 個の電子による不安定化エネルギーによって打ち消されることになる．結局，結合エネルギーは表 2.1 のように差し引き 0.08 kJ mol^{-1} となって，分子をつくっても安定化のエネルギーが得られない．このため He_2 は存在しないことになる[†]．

ところで結合性軌道に 2 個の電子が入った H_2 の結合エネルギーは単純に，結合性軌道に 1 個の電子しか入っていない H_2^+ の結合エネルギーの 2 倍だろうか．答えは否である．これは，同じ結合性軌道に入った 2 個の電子間の反発を考えなければならないからである．実験結果によると表 2.1 から，この反発分は

$$270.3 \times 2 - 452.5 = 88.1 \text{ kJ mol}^{-1}$$

となる．すなわち，このぶんだけ H_2 は不安定になっていることになる．しかし，それでもなお表に示すように H_2 のほうが H_2^+ よりも結合エネルギーが大きく，そのため安定であることは明らかである．

さらに表 2.1 には，下の式で定義される**結合次数**が示されている．

$$（結合次数）\equiv \frac{（結合性軌道の電子数）-（反結合性軌道の電子数）}{2} \quad (2.3)$$

つまり結合性軌道にのみ電子が 2 個あれば結合次数は 1 である．逆に反結合性軌道にのみ電子が 2 個あれば結合次数は -1 である．表 2.1 に示すように H_2 および He_2 の結合次数は 1 および 0 である．結合次数が

結合エネルギー
分子内のそれぞれの結合に割り当てられた固有のエネルギーを**結合エネルギー**という．たとえば H_2 分子の場合，H_2 を二つの H 原子に解離するのに必要なエネルギーをいう．

[†] 表 2.1 には H_2^+ および He_2^+ の場合も示してある．電子の数はそれぞれ合計 1 個と 3 個で，前者は結合性軌道のみに 1 個，後者は結合性軌道に 2 個および反結合性軌道に 1 個の電子が入っている．

単結合，二重結合と三重結合
結合次数が 1 であるときを**単結合**，また 2 および 3 であるときをそれぞれ**二重結合**，**三重結合**と呼ぶ．具体的な例は，これから本書で現れる．

0ということは，結合が生じないことを意味している．

2.1.4　p軌道からできる分子軌道

これまでは，もっぱら 1s 軌道からできる分子軌道について述べてきたが，次に p 軌道からできる分子軌道について述べよう．

さて分子軌道には σ軌道 と π軌道 があり，それらの軌道に電子が詰まって生じる結合をそれぞれ σ結合 および π結合 と呼ぶ．σ軌道 は原子核と原子核を結ぶ軸（結合軸）上に電子が分布する軌道であり，一方の π軌道 は結合軸上には電子は分布しない．

s 軌道からできる分子軌道はすべて σ 軌道である．一方，p 軌道については，x 軸を結合軸とする二原子分子を考えたとき，p_x 軌道からは σ 軌道が，p_y 軌道および p_z 軌道からは π 軌道が形成する．

以下で具体的に，その形成過程を見ていこう．

(1) σ軌道

図 2.5 に p_x 軌道から σ 軌道ができる過程を示す．

まず (a) には原子 A あるいは原子 B の $2p_x$ 軌道（原子軌道）の波動関数を示した．縦軸は省略されているが，振幅は電子の存在確率を表し，横軸は位置を表している．

原子 A と原子 B のそれぞれの $2p_x$ 軌道が互いに近づくと，(b) と (c) に赤色で示したような二つの分子軌道が形成される．(b) は $\phi_A(2p_x)$ と $\phi_B(2p_x)$ が重なった分子軌道であり，(c) は $\phi_A(2p_x)$ と $-\phi_B(2p_x)$ が重なった分子軌道である．(b) の波動関数を見ると，原子核の間の振幅が大きく，電子の存在確率が大きくなっていることがわかる．したがって，

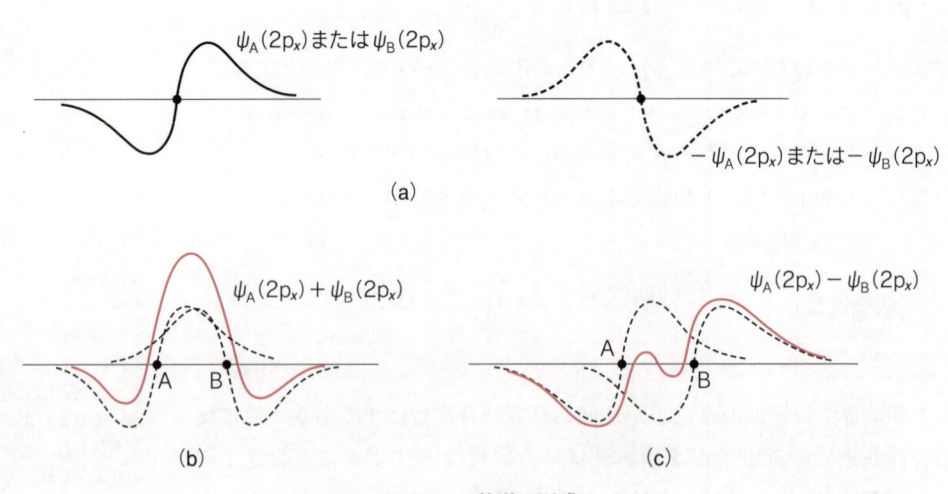

図 2.5　σ軌道の形成

原子と原子を結びつける力がもたらされることになる．すなわち，結合性のσ軌道が生じる．一方，(c)の場合は原子核と原子核の間で電子の存在確率は小さく，振幅がゼロになる点が現れる．すなわち反結合性のσ軌道が形成されている．

(2) π軌道

次に，図2.6にp_y軌道からπ軌道ができる過程を示す．ただし，ここでは図2.5と異なり，波動関数の振幅の大小がグレーまたは赤色の濃淡で表されていることに注意する．振幅が大きいほど濃く，また波動関数の値が正であればグレーで，負であれば赤色で表されている．

さて(a)に原子Aあるいは原子Bの$2p_y$軌道（原子軌道）の波動関数を示した．

原子Aと原子Bのそれぞれの$2p_y$軌道が互いに近づくと，(b)と(c)

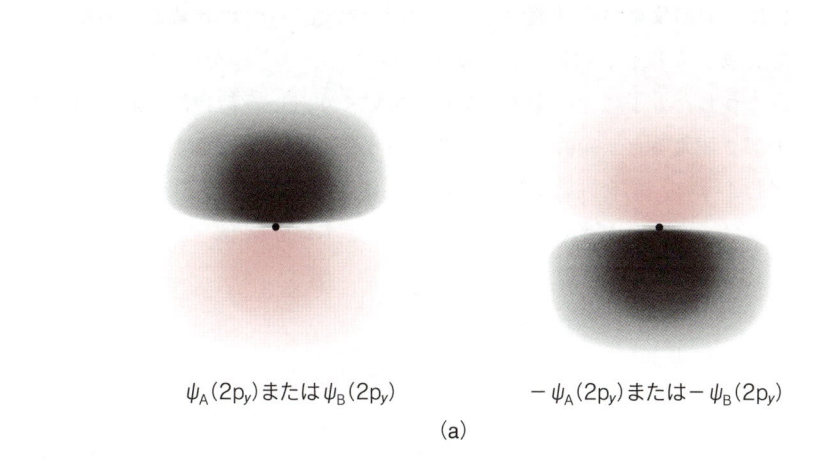

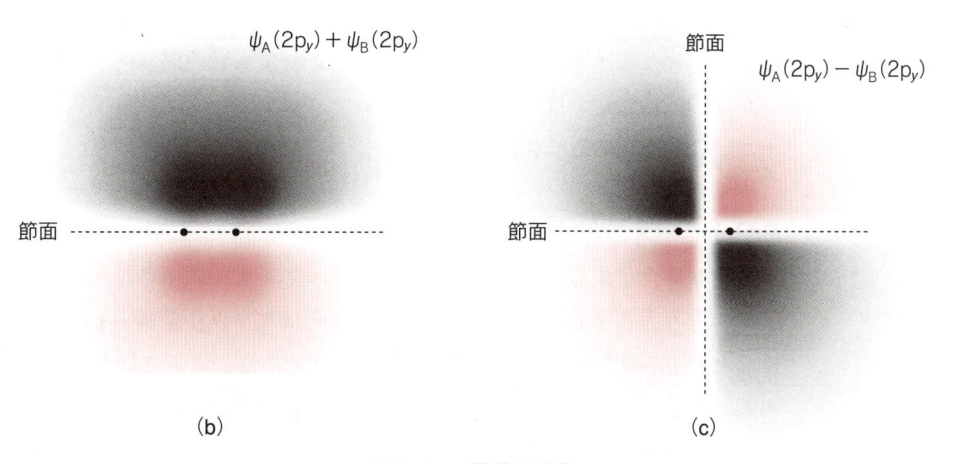

図2.6　π軌道の形成

の二つの分子軌道が形成される．(b) は $\phi_A(2p_y)$ と $\phi_B(2p_y)$ が重なった分子軌道であり，(c) は $\phi_A(2p_y)$ と $-\phi_B(2p_y)$ が重なった分子軌道である．(b) を見ると電子の存在確率は結合軸上ではゼロになり，節面となるが，結合軸と平行に，原子核と原子核を結びつけるような分布をしている．すなわち，結合性の π 軌道を生じている．一方，(c) の場合は，原子核と原子核の間に節面がある反結合性の π 軌道が形成されている．

さて 34 ページで，二つの原子軌道からは二つの分子軌道が，三つの原子軌道からは三つの分子軌道が生じると述べた．二つの原子が近づいたとき，p 軌道の場合には合計六つの原子軌道があるから，六つの分子軌道が形成されることになる．

この六つの分子軌道のうち，三つが結合性で，三つが反結合性である．さらに三つの結合性軌道のうち二つが π 軌道，一つが σ 軌道であり，同様に三つの反結合性軌道のうち二つが π 軌道，一つが σ 軌道である．また π 軌道よりも σ 軌道がやや安定である．

こうした分子軌道に電子が詰まっていくが，いま結合性軌道にのみ電子が 2 個入ると，定義からすぐわかるように結合次数は 1 となる．また同じように，結合性軌道にのみ電子が 4 個入ると結合次数は 2 となる．これは二重結合が生じることを意味し，1 本は σ 結合，もう 1 本は π 結合になっている．

反結合性軌道の表し方
反結合性軌道は * を付けて表される．たとえば反結合性の π 軌道は π^* 軌道，反結合性の σ 軌道は σ^* 軌道と表される．

2.2　イオン結合

前節で，共有結合は新しく生じた分子軌道に電子が入り，原子間のだいたい真中にこの電子が存在することによって形成される結合であることを学んだ．**イオン結合**の場合は電子が，ある原子から別の原子に移って陽イオンと陰イオンが生成し，その結果として両者の間にクーロン引力が生じ，結合が形成されるものである．すなわちイオン結合では，電子が一方の原子の近くに集中していることになる．

2.2.1　イオン結合の形成

イオン結合が生じやすいのは，イオン化エネルギーの小さな元素と電子親和力の大きな元素との間である．たとえばアルカリ金属の Li, Na, K などと，ハロゲンの F, Cl, Br などとの間である．ここでは Na と Cl の間で生じるイオン結合を例に，なぜイオン結合が生じるのかをエネルギーの観点から考えることにする．

さて Na のイオン化エネルギーは 496.0 kJ mol^{-1} で，一方の Cl の電子親和力は 348.3 kJ mol^{-1} である．したがって Na$^+$ と Cl$^-$ を生じさせるのに必要なエネルギーは

$$496.0 - 348.3 = 147.7 \text{ kJ mol}^{-1}$$

となる．ところで，この Na$^+$ と Cl$^-$ を互いに近づけるとクーロン引力が働いて安定になり，エネルギーが 503.7 kJ mol^{-1} だけ低下する．

以上を合わせれば結果として，エネルギー的に

$$503.7 - 147.7 = 356.0 \text{ kJ mol}^{-1}$$

だけの安定化が起こることになり，Na と Cl の間でイオン結合が容易に生成することが理解できる．

なおイオン結合のエネルギーを解析する方法としてはボルン・ハーバーサイクルを用いた計算もよく知られている．

2.2.2 イオン結合と共有結合

この節のはじめにも述べたように，共有結合では原子間のだいたい真中に結合をもたらす電子が存在している．一方，イオン結合では電子が一方の原子にかたよっている．すなわち図 2.7 に示すように，共有結合からなる Cl$_2$ では分子軌道が形成されるが，イオン結合からなる NaCl では Na の電子 1 個が Cl へ完全に移って Na$^+$ と Cl$^-$ が生じ，両者がクーロン引力によって結合している．つまり図 2.7 のように，イオン結合では分子軌道は形成されず，双方の原子軌道は分離している．また共有結合はすでに述べたようにある方向に結合軸をもち，それは分子軌道の形で決められるが，イオン結合の場合には特定の方向の結合軸は存在せず，等方的に引きあって結合している．

しかし実はすべての分子間の結合について，それが共有結合であるか，あるいはイオン結合であるかを明確に区別できるわけではない．すなわち両者の〝中間〟といったものが存在し，したがって〝共有結合性が何%，イオン結合性が何%〟というように議論されることになる．

たとえば図 2.7 に示した HCl では Cl のほうに電子のかたよりがあることがわかる．すなわち H と Cl の間で形成された分子軌道の電子が，Cl のほうへ引き寄せられているのである．この状態を H$^{\delta+}$Cl$^{\delta-}$ と表す．$\delta+$ と $\delta-$ はそれぞれ〝少しだけ正電荷を帯びている〟〝少しだけ負電荷を帯びている〟という意味で，完全なイオンにはなっていないことを表している．つまり Cl が H から少しだけ電子を引きつけ，その結果，Cl

分子の極性
本文で述べた HCl のように $\delta+$ と $\delta-$ を使って表される分子のことを極性をもつという．また双極子とも呼ばれる．同じ原子からできている H$_2$ や O$_2$ などが極性をもたないことは明らかだろう．

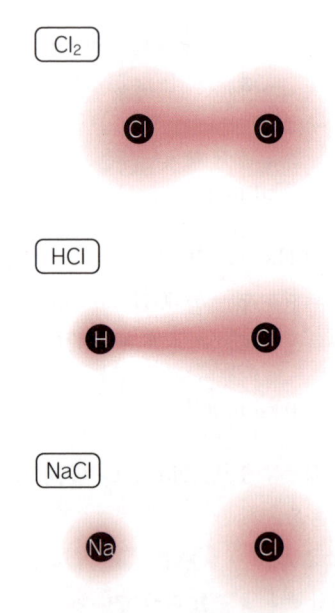

図 2.7 電子のかたより
Cl$_2$ は共有結合，HCl はイオン結合性を帯びた共有結合，NaCl はイオン結合である．

が少しだけ負電荷を帯びたことを意味している．すなわち，イオン結合性を帯びたというわけである．

2.2.3 電気陰性度

いま，ある原子どうしが結合をつくったとする．このとき一方の原子が他方の原子から電子を引きつける能力の大きさを**電気陰性度**と呼ぶ．電気陰性度は溶液中での分子の溶解，分子の沸点や融点，化学反応の機構などをはじめとしてさまざまな問題を議論する場合に用いられるから，この電気陰性度の概念を理解することはきわめて重要である．

ところで実は，電気陰性度にはいくつかの異なった定義があり，そのなかでもとくにポーリングによる定義とマリケンによる定義が有名である．表 2.2 には，ポーリングの定義による電気陰性度を示した．ここに示すように電気陰性度はだいたい，周期表上を右に進むほど，また上にいくほど大きくなる傾向がある．したがって周期表上で右上に位置するOやFは電気陰性度が大きく，電子を引きつけやすい．一方，NaやKなどは電気陰性度が小さい[†]．

ここでポーリングの電気陰性度について，さらに説明を加えよう．
一般に元素AとBからなる物質ABの結合エネルギー D_0 は，物質AAおよびBBの結合エネルギー D_A および D_B の平均値（幾何平均）よ

[†] これは第1章の図 1.10 に関連して述べたイオン化エネルギーの周期的変化と対応している．周期が変わってNaやKなどといったアルカリ金属になるとエネルギー準位が高くなってイオン化エネルギーが大きく減少するので，電子を与えやすくなる．一方，周期表上を右に進みハロゲンに近づくとイオン化エネルギーは大きくなって，電子を取り出しにくくなる．この電子が取り出しにくくなるそもそもの原因は 1.8 節で述べた有効核電荷によるもので，価電子が感じる原子核の正電荷が大きくなるからであった．

りも大きいが，ポーリングは，この大きい結合エネルギーのぶんを電気陰性度の差で説明することに成功したのである．すなわち χ_A と χ_B をそれぞれ元素 A と B の電気陰性度として，次式を与えた．

$$D_0 = \sqrt{D_A D_B} + 96.2(\chi_A - \chi_B)^2 \tag{2.4}$$

これがポーリングの電気陰性度である．

では上の関係を，共有結合性の LiH とイオン結合性の LiF について見てみよう．

まず LiH については元素 A を Li，元素 B を H とすると D_A が 105 kJ mol^{-1} で，D_B が 452 kJ mol^{-1} である．よってその平均値は

$$\sqrt{105 \times 452} = 218 \text{ kJ mol}^{-1}$$

となるが，LiH の結合エネルギーすなわち D_0 の実測値は 243 kJ mol^{-1} である．

また LiF について，同様に元素 A を Li，元素 B を F とすると D_A が 105 kJ mol^{-1} で，D_B が 151 kJ mol^{-1} だから，その平均値は 126 kJ mol^{-1} となるが，D_0 の実測値は 573 kJ mol^{-1} である．

この結果が示すように，明らかに共有結合性の LiH では結合エネルギーの平均値が実測値に近く，イオン結合性の LiF では実測値が結合エネルギーの平均値を大きく上まわっている．ポーリングは，この結合エネルギーの"上まわりぶん"を調べていき，Li の電気陰性度を 1.0 として $96.2(\chi_A - \chi_B)^2$ の形に整理したのである．したがって 96.2 という値は，すべての実測値に合うように導かれたものであって，理論的に導かれたものではない．

表 2.3 に，上のポーリングの電気陰性度の式(2.4)で計算した結合エネルギー D_0 の値とその実測値を並べて示した．差が大きい場合もあるが，両者はだいたい近いといえる．

さてポーリングの電気陰性度が提唱されたのち，マリケンが異なる定義の電気陰性度を提案した．マリケンは次式のように原子の第一イオン化エネルギー I_p と電子親和力 E_a の算術平均をとって，これを電気陰性度 χ_M と定義した．

$$\chi_M \equiv \frac{I_p + E_a}{2} \tag{2.5}$$

マリケンの電気陰性度 χ_M はポーリングの電気陰性度にほぼ比例する．そのため，ポーリングの電気陰性度のほうが広く用いられている．

表 2.2 ポーリングの電気陰性度

周期\族	1	2	3	4	5	6	7	8	9	10	11	12	13	14	15	16	17	18
1	H 2.1																	He
2	Li 1.0	Be 1.5											B 2.0	C 2.5	N 3.0	O 3.5	F 4.0	Ne
3	Na 0.9	Mg 1.2											Al 1.5	Si 1.8	P 2.1	S 2.5	Cl 3.0	Ar
4	K 0.8	Ca 1.0	Sc 1.3	Ti 1.5	V 1.6	Cr 1.6	Mn 1.5	Fe 1.8	Co 1.8	Ni 1.8	Cu 1.9	Zn 1.6	Ga 1.6	Ge 1.8	As 2.0	Se 2.4	Br 2.8	Kr
5	Rb 0.8	Sr 1.0	Y 1.2	Zr 1.4	Nb 1.6	Mo 1.8	Tc 1.9	Ru 2.2	Rh 2.2	Pd 2.2	Ag 1.9	Cd 1.7	In 1.7	Sn 1.8	Sb 1.9	Te 2.1	I 2.5	Xe
6	Cs 0.7	Ba 0.9	ランタノイド	Hf 1.3	Ta 1.5	W 1.7	Re 1.9	Os 2.2	Ir 2.2	Pt 2.2	Au 2.4	Hg 1.9	Tl 1.8	Pb 1.8	Bi 1.9	Po 2.0	At 2.2	Rn
7	Fr 0.7	Ra 0.9	アクチノイド															

ランタノイド [a]	La	Ce	Pr	Nd	Pm	Sm	Eu	Gd	Tb	Dy	Ho	Er	Tm	Yb	Lu
	Ac 1.1	Th 1.3	Pa 1.5	U 1.7	Np 1.3	Pu 1.3	Am 1.3	Cm 1.3	Bk 1.3	Cf 1.3	Es 1.3	Fm 1.3	Md 1.3	No 1.3	Lr

アクチノイド

a) La から Lu については 1.1〜1.2 の値が与えられている．

ポーリングの提唱後に補正が施された値（これらも同様に"ポーリングの電気陰性度"と呼ばれる）もよく知られており，それらにおいては，たとえば Li の電気陰性度が 1.0 ではないなど，この表とは多少異なった値になっている．

表2.3 ポーリングの電気陰性度から計算した結合エネルギー D_0

物質 AB	$\chi_A - \chi_B$	D_0 (計算値) /kJ mol^{-1}	D_0 (実測値) /kJ mol^{-1}
LiF	-3.0	997	573
LiCl	-2.0	545	482
LiBr	-1.8	457	423
LiI	-1.5	344	339
NaF	-3.1	1035	448
NaCl	-2.1	557	411
NaBr	-1.9	465	369
NaI	-1.6	352	297
HF	-1.9	603	561
HCl	-0.9	398	427
HBr	-0.7	335	365
HI	-0.4	268	297

2.3 金属結合

金属の特徴は何かときかれれば，電気や熱を良く伝える，変形しやすい，伸び縮みする，光沢を示す —— このようなことが思い浮かぶだろう．では，そうした性質はどこからくるのだろうか．

これらはすべて金属結合と呼ばれる，金属における結合の性質に由来するものなのである．

金属のなかでは，原子の最外殻の電子がとれて陽イオンが生じ，この原子からとれた電子が陽イオンの間を動きまわって，陽イオンを互いに凝集させる"ゼリー"のような役割を果している．この動きまわる電子は自由電子と呼ばれる．金属が電気や熱を良く伝えるのは，この自由電子が移動するためである．

また一方，陽イオンはなるべく密に詰まるよう配列し，このためとくに結合の方向性を生じない．これが金属が変形しやすく，伸び縮みする理由である．共有結合からなる物質とは，明らかに異なる性質である．

2.3.1 バンドの形成

さて，ではどのようにして金属結合が生じるのだろうか．このことを理解するにはまずバンドの形成について知る必要がある．実は，このバンドの形成は，すでに学んだ分子軌道の形成の考え方で理解できる．バンドは価電子，すなわち最外殻の電子の軌道の波動関数が重ね合わさって分子軌道が生じる過程をくり返し，形成されたものと考えられるのである．具体的に，リチウムを例に説明しよう．

図 2.8 は Li_2, Li_3, Li_4, Li_n といった物質を考えたときの分子軌道の形成の様子を示したものである．まずは Li の原子番号が 3 で電子を 3 個もち，それら電子は 1s 軌道に 2 個，2s 軌道に 1 個収容されていることを確認しておこう．

さて，Li_2 では二つの 2s 原子軌道から結合性と反結合性の二つの分子軌道が形成される[†]．Li の価電子は 1 個なので，Li_2 では価電子が 2 個となり，結合性軌道に 2 個の電子が入る．結合性軌道に電子が入ったので，全体として原子 2 個が孤立した状態よりも安定になり，Li_2 という分子の状態になりうる．

さらに Li_3 では三つの 2s 原子軌道から三つの分子軌道が形成される．一つは結合性，一つは反結合性で，もう一つはエネルギー的には原子軌道と変わらないものである．価電子は合計 3 個だから，結合性軌道に 2 個，原子軌道と変わらないエネルギー準位の軌道に 1 個入り，やはり分

[†] これは 2.1.2 項で説明したこととまったく同じである．

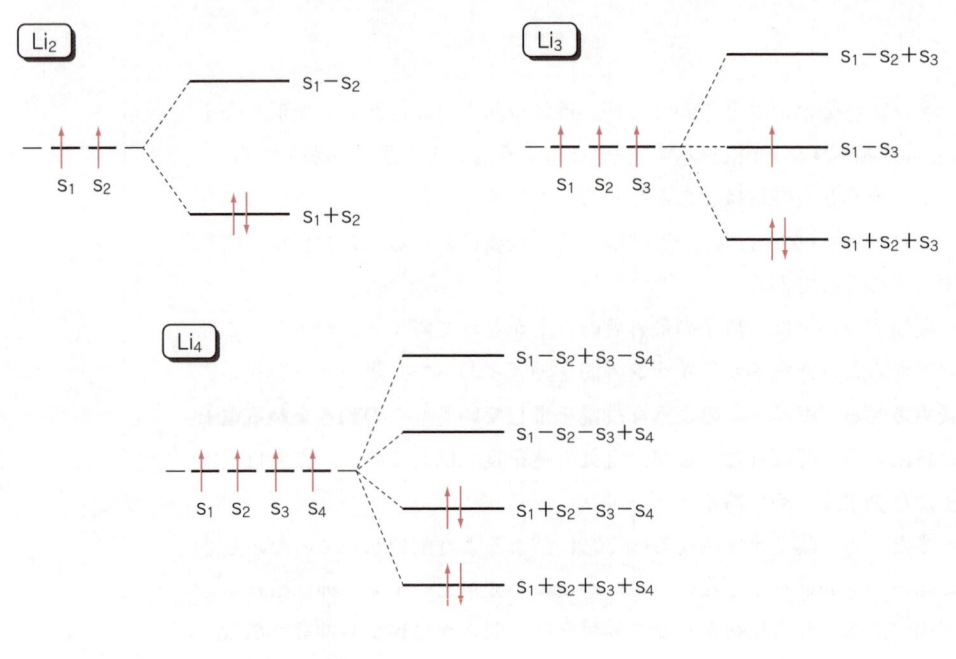

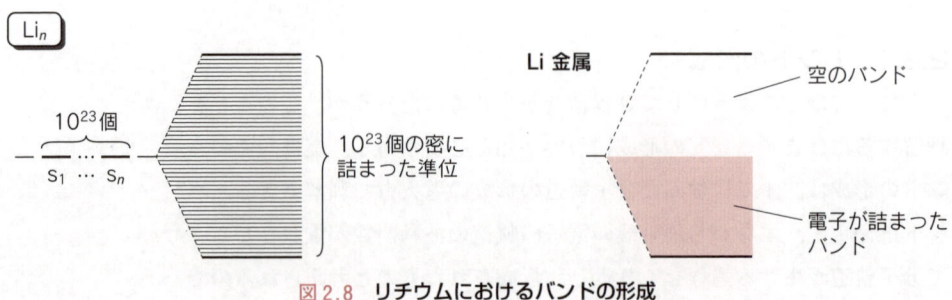

図 2.8 リチウムにおけるバンドの形成
図中では 2s を単に s と書いた．

子として安定に存在しうる．そして Li₄ では四つの分子軌道が形成される．二つは結合性，二つは反結合性で，4 個の価電子はすべて結合性軌道に入り，この結果，原子 4 個がバラバラでいるよりも四原子が結合していたほうが安定になって Li₄ という分子として存在しうる．

では Li_n の場合を考えよう．同様にたとえば n がアボガドロ数（6.02 × 10²³）のときには，アボガドロ数個の分子軌道ができる．ただし今度は，電子 2 個ずつを収容する分子軌道が密に詰まって帯のようになっており，エネルギー準位は連続していると見なすことができる．この"帯"を**バンド**と呼び，この Li_n の状態が Li 金属であると見なせる．Li 金属では，このバンドに半分まで電子が詰まっている．

2.3.2 結合の強さとバンド

図 2.9 は原子番号 22 の Ti から原子番号 28 の Ni までについて，そのバンドに電子が詰まっていく様子を示している．原子番号が増大するのに対応して電子数が増していき，Mn でバンドの半分まで電子が詰まる．バンドの半分から下は結合性の軌道なので，ここに電子が入れば入るほど，原子どうしを結合させる力（凝集エネルギー）は増大する．

一方，反結合性の軌道に電子が詰まり始めると凝集エネルギーは減少する傾向がある．その様子が図 2.10 に示されている．例外も見られるが，第 5 および第 6 周期の遷移元素で共通の傾向が見られる．

またこの図に見られるように Cu，Ag，Au は凝集エネルギーが小さく融点が低いが，その原因は d 軌道がつくる反結合性のバンドに電子が多数入っているためである．なお，ここではくわしく述べないが s 軌道や p 軌道がつくるバンドもあり，両者は広がった軌道をもっているので，バンドの幅は一般に d 軌道がつくるバンドに比べて大きい．

バンドの幅と構成原理
s 軌道は空間的な広がりが大きい軌道なので，これからつくられる s バンドの幅は広くなる．これに比べて d 軌道からつくられる d バンドの幅は狭い．

1.7 節で述べた構成原理において，3d 軌道よりも先に 4s 軌道へ電子が入るというのは，このバンドの広がりが原因である．すなわち 3d バンドよりもエネルギーの低い部分が 4s バンドにあり，そこへ電子が入り始めるというわけである．

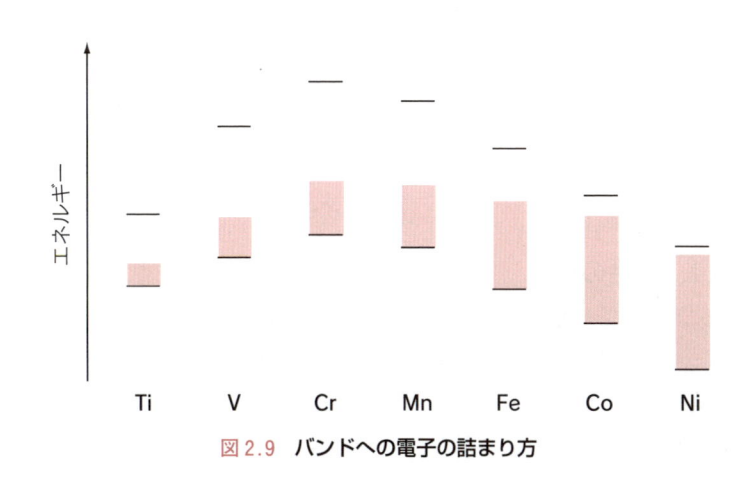

図 2.9　バンドへの電子の詰まり方

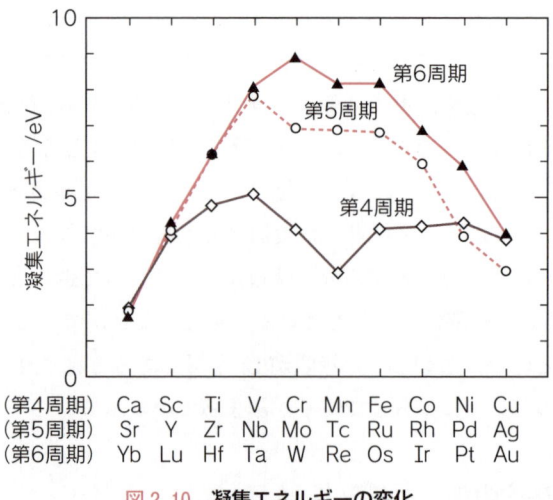

図 2.10　凝集エネルギーの変化

2.3.3　金属のバンド構造と自由電子

こうして形成されたバンドの様子をバンド構造と呼ぶが，実はこれは金属だけに見られるものではない．半導体や絶縁体でもバンド構造を見ることができる．しかし半導体や絶縁体では結合性軌道からできるバンドと反結合性軌道からできるバンドが金属のように連続にはなっておらず，離れている．この"すき間"をバンドギャップという．金属が電気を良く伝えるのは，このバンドギャップがないためである．

さらに金属においては，バンドに電子がぎっしりとは詰まっていないという点が特徴的である．つまり 2.3.1 項のリチウムや図 2.9 に見るように，バンドの上の部分が空いているのである．この空きの部分には電子の入っていない軌道があるから，電子は熱などのかたちでエネルギーを受け取ると，容易にその軌道へ移る．バンドを形成するこれらの軌道は金属全体に広がっているので，電子は金属の内部全体を自由に動きまわることができることになる．これが自由電子である．

2.4　配位結合

2.4.1　結合の形成

配位結合は，広い意味で共有結合に分類される．すでに 2.1 節で見たように，共有結合とは二つの原子が近づいて分子軌道ができ，その結合性軌道に電子が収容される．そしてこの電子は原子核の間に大きな存在確率をもち，原子どうしを結びつける働きをして結合が生じるというも

半導体と絶縁体のバンド構造

半導体と絶縁体のバンド構造は金属とは異なり，結合性軌道からできている価電子帯と，反結合性軌道からできている伝導帯とからなる．価電子帯には電子が詰まっており，伝導帯には電子が詰まっていない．また価電子帯の上端と伝導帯の下端の間が，本文で述べたバンドギャップである．

半導体はバンドギャップが小さく，絶縁体は大きい．このため半導体では熱などのかたちでエネルギーを与えると，バンドギャップを飛び越えて電子が価電子帯から伝導帯へ移り伝導性を示すようになる．不純物を加えてバンドギャップのなかにエネルギー準位をつくると伝導性が高くなる．

のであった．いわば，二つの原子が電子を共有しているものと見なせる．そしてこのとき，2個の原子は電子を1個ずつ出しあっている．これが共有結合の姿である．

一方，配位結合は電子を共有して結合するという点では同じであるが，一方の原子が2個の電子を供給し，もう一方の原子は電子を供給しないという点で共有結合とは異なっている．

具体的に例を用いて説明しよう．アンモニウムイオン NH_4^+ の生成について考える．まずアンモニア NH_3 の N の電子配置は

$$1s^2\, 2s^2\, 2p^3 \tag{2.6}$$

であり，価電子は $2s^2 2p^3$ の5個である．このうち3個が H との共有結合に使われ，2個は図 2.11（a）のように，結合に使われずに残っている．この2個の電子は同じ軌道に入っており，このような電子対を孤立電子対と呼ぶ．この孤立電子対をもった N に電子を1個ももたない H^+ が近づき，N と H^+ がこの電子対を共有して結合を形成する．これが配位結合である．

ところで，こうして生じた NH_4^+ の N の周りには4本の結合があり，これらはすべて等価で，NH_4^+ は正四面体構造となっている．このときの電子の軌道は sp^3 混成軌道と呼ばれる．すなわち N の価電子の軌道 $2s$, $2p_x$, $2p_y$, $2p_z$ の四つが混成し，エネルギー的に等価な新しい四つの軌道が形成されたのである†．

もう一つ別の例を見てみよう．プロトン（H^+）は水中で H_3O^+ を形成しているが，これは図 2.12 のように H^+ と H_2O の配位結合によるものである．H_2O の O は6個の価電子をもつが，そのうち2個は H との共有結合に使われ，残りの4個が二組の孤立電子対をつくっている．このうちの一組が H^+ と配位結合を形成し，その結果，O の周りには等価な3本の結合ができる．

さて，以上二つは分子とイオンの間の配位結合であったが，分子と分

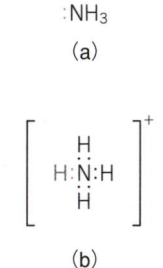

図 2.11　配位結合
（a）で孤立電子対を赤で表す．

† s が1個，p が3個の原子軌道が混成するので sp^3 混成という．s が1個，p が2個ならば sp^2 混成，s が1個，p が1個ならば sp 混成と呼ぶ．また混成の結果生じたこれら混成軌道をそれぞれ sp^2 混成軌道および sp 混成軌道と呼ぶ．

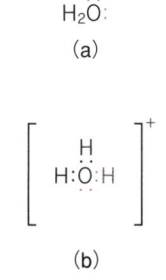

図 2.12　配位結合の例
（a）で孤立電子対を赤で表す．

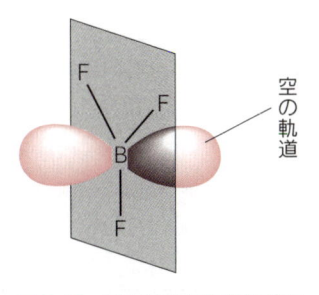

図 2.13　BF_3 における配位結合

子の配位結合も存在する．たとえば NH_3 と BF_3 の結合がそうである．ここでは先に述べたような NH_3 の孤立電子対と，BF_3 の空の軌道（図2.13）によって配位結合が形成される．

2.4.2 金属錯体

金属原子または金属イオンに，分子やイオンが配位結合してできた化合物を 金属錯体 という．図 2.14 は $CoCl_3 \cdot 6NH_3$ という金属錯体である．6 個の NH_3 が Co^{3+} を中心にして配列している（これを 配位 しているという）．Cl^- はイオン結合をしている．

ここで配位している分子やイオンを 配位子，その数を 配位数 という．また一つの配位結合で配位する配位子を 単座配位子 と呼び，1 個の配位子のなかに配位できる原子を 2 個以上もち，複数の配位結合をしうるものを 多座配位子 という†．表 2.4 におもな配位子をまとめておく．また表 2.5 にはおもな金属イオンの配位数をまとめた．同じ金属イオンであっても，たとえば $Hg(II)$ のように，配位子によって配位数が変わる場合のあることに注意してほしい．

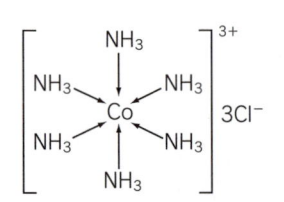

図 2.14 金属錯体の例

† 多座配位子としては表 2.4 に示すように二座配位子，三座配位子などがある．

表 2.4 おもな配位子

単座配位子

F^-, Cl^-, Br^-, I^-, OH^-, NCS^-, CN^-, H_2O, NH_3, NO_2^-, ピリジン

二座配位子

エチレンジアミン　　2,2′-ビピリジン　　ジメチルグリオキシム

CO_3^{2-}　　アセチルアセトン（エノール型）

三座配位子　　**六座配位子**

トリピリジン　　エチレンジアミン四酢酸

‥ は孤立電子対を表す．

表2.5 おもな金属イオンの配位数

配位数	金属イオン
2	Cu(I), Ag(I), Hg(I), Hg(II)
4	Li(I), Be(II), B(III), Zn(II), Cd(II), Hg(II), Al(III), Co(II), Ni(II), Cu(II), Au(III), Pd(II), Pt(II)
6	Ca(II), Sr(II), Ba(II), Ti(IV), V(III), V(IV), Cr(III), Mn(II), Mn(III), Fe(II), Fe(III), Co(II), Co(III), Ni(II), Pd(IV), Pt(IV), Cd(II), Al(III), Sc(III), Y(III), Si(IV), Sn(II), Sn(IV), Pb(II), Pb(IV), Ru(III), Rh(III), Os(III), Ir(III), ランタニド
8	Zr(IV), Hf(IV), Mo(IV), W(IV), U(IV), アクチニド

Cu(I) は Cu^+ のことであり，Cu(II) は Cu^{2+} のことである．

2.4.3 結晶場理論 ― 金属錯体の結合の理論 ―

金属錯体の結合についてはいくつかの考え方があるが，ここでは代表的な結晶場理論と呼ばれる考え方について述べよう．

いま中心の金属イオン（陽イオン）と配位子はクーロン力で結合するとする．さらに配位子は負の点電荷として配位すると見なし，配位によって金属イオンのエネルギー準位がどのように変化するかを考える．

図2.15は中心金属の五つのd軌道がどの方向に広がっているかを示したものである（図1.3参照）．(a) の d_{z^2} 軌道は z 軸方向に，$d_{x^2-y^2}$ 軌道は x 軸と y 軸方向に広がっている．一方，(b) の d_{xy} 軌道は x 軸，y 軸とそれぞれ45°をなす方向に広がっている．なお図を簡略にするためにここへは示していないが，同様に d_{yz} 軌道および d_{zx} 軌道もそれぞれ y 軸，z 軸および z 軸，x 軸とそれぞれ45°をなす方向に広がっている．

ここで配位子が6個配位して，正八面体錯体をつくることを考える．

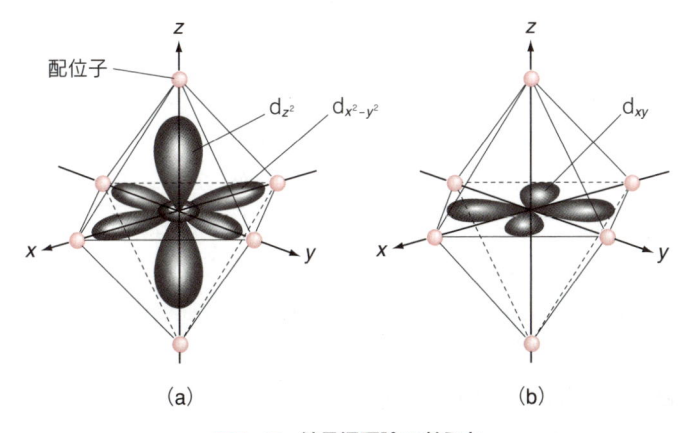

図2.15 結晶場理論の考え方

図 2.16　d 軌道の分裂

中心の金属イオンに配位子，すなわち負の点電荷が近づくと，上で考えたような d 軌道のエネルギー準位は電荷間の反発のために高くなる．6個の配位子は x, y, z 軸のそれぞれ正と負の両サイドから 1 個ずつ配位する．したがってこの方向に広がっている d_{z^2} 軌道と $d_{x^2-y^2}$ 軌道のエネルギー準位がより高くなる．その結果，図 2.16 のように 5 個の d 軌道は二つに分裂する．ここで d_{z^2} と $d_{x^2-y^2}$ 軌道を e_g 軌道，安定なほうの d_{yz}, d_{zx}, d_{xy} 軌道を t_{2g} 軌道と呼ぶ．強く配位するほど分裂の幅は大きい．

こうした考え方は，金属錯体による光の吸収をよく説明する．すなわち，多くの金属錯体がもつ特徴的な色は，図 2.16 に示した Δ_o によって見事に説明される．

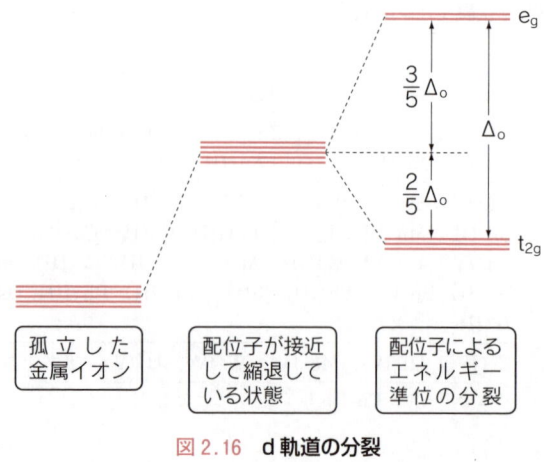

金属錯体の色

金属錯体に光を照射すると，電子は光のエネルギーを吸収して高いエネルギー準位へ移動する．可視光から特定の光のエネルギーが吸収されると，残りのエネルギーに対応する光がその金属錯体の色となって見える．吸収された光の振動数から Δ_o の大きさなどについて情報が得られる．

2.5　水素結合

2.5.1　結合の様式

電気陰性度の大きな原子（N, O, F など）は水素原子と結合すると，水素原子の電子を引き寄せて部分的に負に帯電し，一方，水素原子のほうは部分的に正に帯電する†．この水素原子が，近くにある電気陰性度の大きな原子とクーロン引力を及ぼしあって結合を生じる．これが**水素結合**である．結合エネルギーは $10 \, \text{kJ} \, \text{mol}^{-1}$ から $40 \, \text{kJ} \, \text{mol}^{-1}$ 以下で，共有結合やイオン結合に比べると，弱い結合である．

† このとき水素原子の原子核の周りの電子密度は減少する．このため結果的に，電子による遮へいの効果は弱くなる．

2.5.2　水素結合による効果

"水の融点や沸点は異常である"といわれるが，その原因は水素結合に

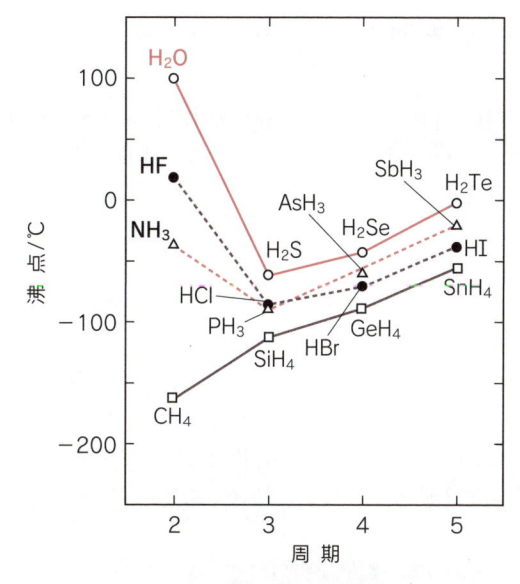

図2.17 水素化物の沸点
周期表上で下の周期へ行くほど，また同じ周期のなかでは原子番号が大きくなるほど，その元素の水素化物の沸点は高くなる傾向にある．しかし水 H_2O，および HF と NH_3 は，この傾向から外れている．

図2.18 水における水素結合

図2.19 水素結合

ある．一般に沸点は分子量が大きいほど高くなるが，しかし図2.17に示すように，水の沸点は分子量に比して 100℃ と異常に高い†．

この水の沸点の異常な上昇は，水素結合によって水の分子量が実際的に大きくなるためと解釈することができる．

図2.18と2.19には水，ギ酸，サリチル酸における水素結合の様子を示している．赤色の破線で示した水素結合によって，水素原子が酸素原子と結びついている．ギ酸は二量体を形成し，サリチル酸は分子内で水素結合をする．

また水素結合は生体物質のタンパク質や核酸などにおいても重要な役割を果している．これについては第10章で学ぶ．

† HF と NH_3 も同じ傾向にある．水素結合は比較的弱い結合といっても，物質のさまざまな性質を左右する重要な結合である．

章末問題

2.1 分子軌道について以下の問いに答えよ．
  (a) 二つの水素原子の 1s 軌道をそれぞれ $\phi_A(1s)$ および $\phi_B(1s)$ とする．水素分子の結合性分子軌道と反結合性分子軌道をそれぞれ $\phi_A(1s)$ および $\phi_B(1s)$ を用いて近似的に表せ．
  (b) 水素原子二つは別べつに存在する状態よりも，水素分子でいるほうが安定である．その理由を説明せよ．

2.2 窒素分子についての次の記述を読み，以下の問いに答えよ．
  <u>N の電子配置は $1s^2 2s^2 2p^3$ であり</u>(A)，2 個の窒素原子 N が結合して窒素分子 N_2 を形成する．窒素原子が結合している方向（結合軸）を x 軸とした場合，$2p_x$ 軌道の電子は互いに重なり合って<u>共有結合をつくる</u>(B)．一方，両方の窒素原子には電子対をつくっていない電子（不対電子という）が $2p_y$ と $2p_z$ の各軌道に 1 個ずつ，計 4 個存在する．これらの電子は結合軸を含む平面から浮き上がったところでの $2p_y$ と $2p_z$ 軌道の重なりによって，$2p_x$ 軌道とは<u>別の共有結合をつくる</u>(C)．したがって，<u>窒素分子における窒素原子間の結合は三重結合であり，N≡N と書くことができる</u>(D)．
  (a) 下線部 (A) の記述にならって F と Ca の電子配置を書け．
  (b) 窒素原子の 2p 軌道の 3 個の電子は電子対をつくらず，不対電子として $2p_x$, $2p_y$, $2p_z$ 軌道にそれぞれ 1 個ずつ存在する．この理由を簡単に説明せよ．
  (c) 下線部 (B) および (C) の共有結合をそれぞれ何と呼ぶか．
  (d) 下線部 (D) の説明を，結合次数を計算することによって明らかにせよ．またヘリウム分子 He_2 についても同様の計算を行い，He_2 という分子が存在しない理由を明らかにせよ．
  (e) 窒素分子 N_2 に関する上の説明を参考にすると，フッ素分子 F_2 のフッ素原子間の結合は何重結合と考えられるか．さらにその理由を簡単に説明せよ．

2.3 共有結合には σ 結合と π 結合がある．
  (a) 二つの結合の違いを説明せよ．
  (b) π 結合はどのような原子軌道から形成されるか．

2.4 共有結合には結合の方向性があり，イオン結合には方向性がない．その理由を述べよ．

2.5 塩化水素分子とフッ化水素分子ではどちらのイオン性が強いか．また，その理由も述べよ．

2.6 ポーリングの電気陰性度についての式 (2.4) に含まれる $96.2(\chi_A - \chi_B)^2$ という項の意味，およびポーリングの考え方について簡単に説明せよ．

2.7 Ni と Fe の凝集エネルギーはどちらが大きいか．その理由を "結合性" および "反結合性" というキーワードを用いて述べよ．

2.8 アンモニア分子 NH_3 は窒素分子 N_2 に比べて分子量が小さいにもかかわらず，高い沸点をもっている．この理由を簡単に説明せよ．

第3章　物質の三態

　本章では物質の三態と呼ばれる固体，液体，気体の基本的な性質を学ぶ．すなわち固体の構造，液体の特性，気体の状態方程式がポイントである．

　固体の構造には，いろいろなタイプがある．たとえば金属結晶，イオン結晶，共有結合結晶などがあり，さらに内部の構造についても種類がある．物質によって，こうした違いがなぜ生じるのかについて概念的に理解してほしい．

　一方，気体の状態方程式で重要なのは，実在気体の状態方程式である．高校までは理想気体しか取り扱わなかったが，圧力が高くなったり，分子の大きさが無視できなくなったりすると，理想気体の状態方程式は成り立たなくなる．ここでは実在気体に関する概念をしっかりと理解してほしい．

　この章の内容は前章で述べた化学結合の話とも関連が深いので，その関係性にも注意して読み進めてほしい．

3.1　固　体

3.1.1　結晶と非晶質

　まず，固体は結晶と非晶質に分類される．

　結晶とは，内部の原子や分子，イオンが規則正しく周期的に配列したものである．原子などの配列の最小単位を単位格子あるいは単位胞と呼ぶ．一方，周期性をもたない固体は非晶質と呼ばれる．これはまたアモルファスと呼ばれることも多く，たとえばアモルファスシリコン，アモルファスカーボンなどといった例がある．身近なガラスも非晶質である．

ところで，非晶質における原子などの配列はいつもバラバラというわけではない．たとえばアモルファスシリコンの場合，Si結晶の微小な粒が集まったものと見なすことができる．すなわち規則正しい周期的な構造が長距離にはわたっていないが，微視的には規則正しい周期的な構造をとっているのである．

3.1.2 結晶格子

結晶構造は単位格子の形状によって，表3.1に示すように7種の結晶系に分類される．単位格子の形状は x, y, z 軸方向のそれぞれの稜の長さ a, b, c と角度 α, β, γ で決まり（図3.1），これらを**格子定数**と呼ぶ．

さらに同じ結晶系でもいくつかの単位格子をもつものがあり，このことを考慮すると，結晶格子は全部で14種に分けられる．これを**ブラベ格子**と呼ぶ．図3.2に14種のブラベ格子を示した．ここに見るように，たとえば立方晶系には単純格子のほかに面心格子と体心格子がある．3種は共通して $a=b=c$ かつ $\alpha=\beta=\gamma=90°$ である．斜方晶系では底心格子を含めて4種のブラベ格子がある．

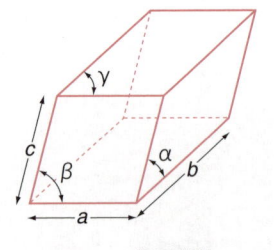

図3.1 格子定数

表3.1 7種の結晶系

結晶系	単位格子の形状
立方晶系	$a=b=c$, $\alpha=\beta=\gamma=90°$
正方晶系	$a=b\neq c$, $\alpha=\beta=\gamma=90°$
斜方晶系	$a\neq b\neq c$, $\alpha=\beta=\gamma=90°$
単斜晶系	$a\neq b\neq c$, $\alpha=\gamma=90°$, $\beta\neq 90°$
三斜晶系	$a\neq b\neq c$, $\alpha\neq\beta\neq\gamma\neq 90°$
六方晶系	$a=b\neq c$, $\alpha=\beta=90°$, $\gamma=120°$
三方晶系	$a=b=c$, $\alpha=\beta=\gamma\neq 90°$

3.1.3 結晶の種類

結晶は結合の性質から**金属結晶**，**イオン結晶**，**共有結合結晶**，**分子結晶**に分類することができる．以下，これらに加え**液晶**についても，それぞれの性質と構造について述べていこう．

(1) 金属結晶

金属結晶をつくる金属結合の特色は2.3節で述べたようにバンドをつくり，自由電子が原子（陽イオン）を互いに結合させているという点にあった．一般に金属結合の結合エネルギーはイオン結合や共有結合に比べて小さく，このためイオン結晶や共有結合結晶に比べると金属の融点は低い．

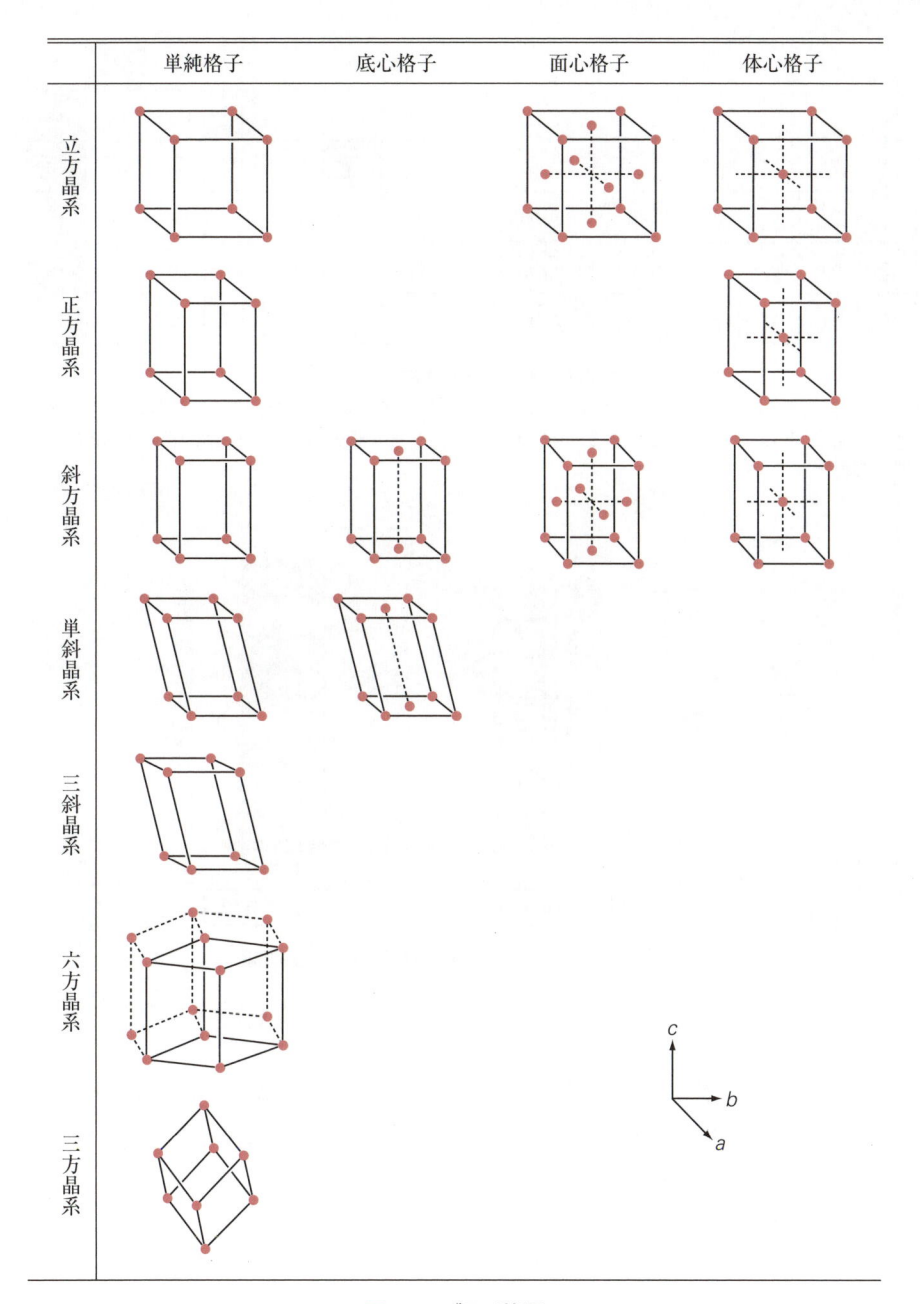

図 3.2　ブラベ格子

　また2種類以上の金属からは合金がつくられ，一方，窒素，水素，炭素，ホウ素などを混入させると結晶格子のすき間にこれらが侵入し，共有結合が生じる．このことによって金属の性質はいちじるしく変化し，一般に融点や硬度が上昇する．

Li	Be													N_2	O_2 a	F_2	Ne
												B e	C d,f	N_2	O_2 a	F_2	Ne
Na	Mg											Al	Si d	P_4	S_8 c	Cl_2	Ar
K	Ca	Sc	Ti	V	Cr	Mn a	Fe	Co	Ni	Cu	Zn	Ga c	Ge d	As e	Se f	Br_2	Kr
Rb	Sr	Y	Zr	Nb	Mo	Tc	Ru	Rh	Pd	Ag	Cd	In b	Sn b	Sb e	Te f	I_2	Xe
Cs	Ba	La	Hf	Ta	W	Re	Os	Ir	Pt	Au	Hg	Tl	Pb	Bi e	Po a	At	Rn

(上に追加行: H_2 | He)

図 3.3 常温常圧における結晶構造

背景がブラウンは面心立方格子，グレーは六方最密充填，赤は体心立方格子となることを示す．また右肩のアルファベットについては a は立方晶系，b は正方晶系，c は斜方晶系，d はダイヤモンド構造，e は三方晶系，f は六方晶系であることを示す．赤で囲った範囲は分子結晶．

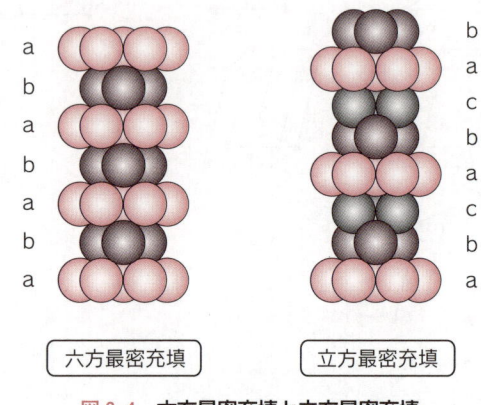

図 3.4 六方最密充填と立方最密充填

さて図 3.3 に，常温常圧における金属をはじめとする結晶構造を示す．ここで面心立方格子は立方最密充填と呼ばれることもあり，すなわち面心立方格子と六方最密充填が，最もすき間の小さい最密構造になっている．

では，この両者の構造を図 3.4 で説明しよう．六方最密充填，立方最密充填とも同じ密度であるが，実は重なり方が異なる．図に示すように，六方最密充填では ababab… と積み重なり，立方最密充填では abcabcabc… と積み重なっていく．すなわち図 3.5 に示すように a 層，b 層の上の第 3 層において，A の位置に原子があれば六方最密充填，B の位置に原子があれば立方最密充填である．面心立方格子が立方最密充填であることを確かめるには，図 3.6 のように格子を斜めに切って考えるとよい．こうすると abcabcabc… と積み重なっていることがよくわかる．

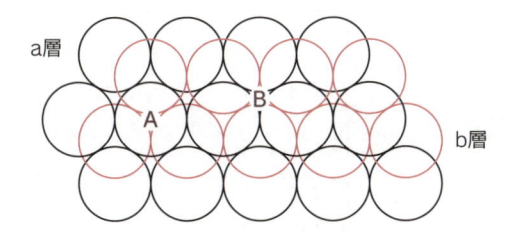

図 3.5　六方最密充填と立方最密充填の重なり方
黒線が a 層，赤線が b 層を表す．

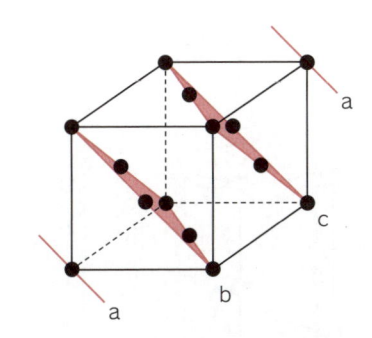

図 3.6　面心立方格子と立方最密充填

(2) イオン結晶

　イオン結晶では，小さな陽イオンと大きな陰イオンがクーロン引力によって結合しているため，これらイオンの半径比によって異なる構造の結晶ができる．具体的には図 3.7 に示すような NaCl 型，CsCl 型，ルチル型，閃亜鉛鉱型，ウルツ鉱型，蛍石型といった構造がある．それぞれの特徴を表 3.2 にまとめる．

　くり返しになるが，イオン結晶の構造にこうした種類のある理由は，おもに結晶を構成する陽イオンと陰イオンの半径比の違いである．たとえば図 3.8 は配位数 3 の陽イオン（半径 r_+）と陰イオン（半径 r_-）が接触している場合を示しているが，このときの半径比 r_+/r_- は 0.155 である．これ以上，陽イオンが大きくなると配位数が増えなければならず，構造は変わることになる．このときの半径比を**極限半径比**と呼ぶ．

　表 3.3 に配位数と極限半径比の関係について示す．この表からイオン結晶の構造を推定することができる．たとえば NaCl ではイオンの半径比は 0.52 であり，正八面体である事実と一致する．CsCl では 0.93 であり，実際に構造は体心立方である．さらに ZnS では 0.4 であり，実際の構造も正四面体である．このように，表の結果と良く一致することがわかる．

(a) NaCl型構造　●Na⁺ ○Cl⁻

(b) CsCl型構造　●Cs⁺ ○Cl⁻

(c) ルチル型構造　●Ti^{4+} ○O^{2-}

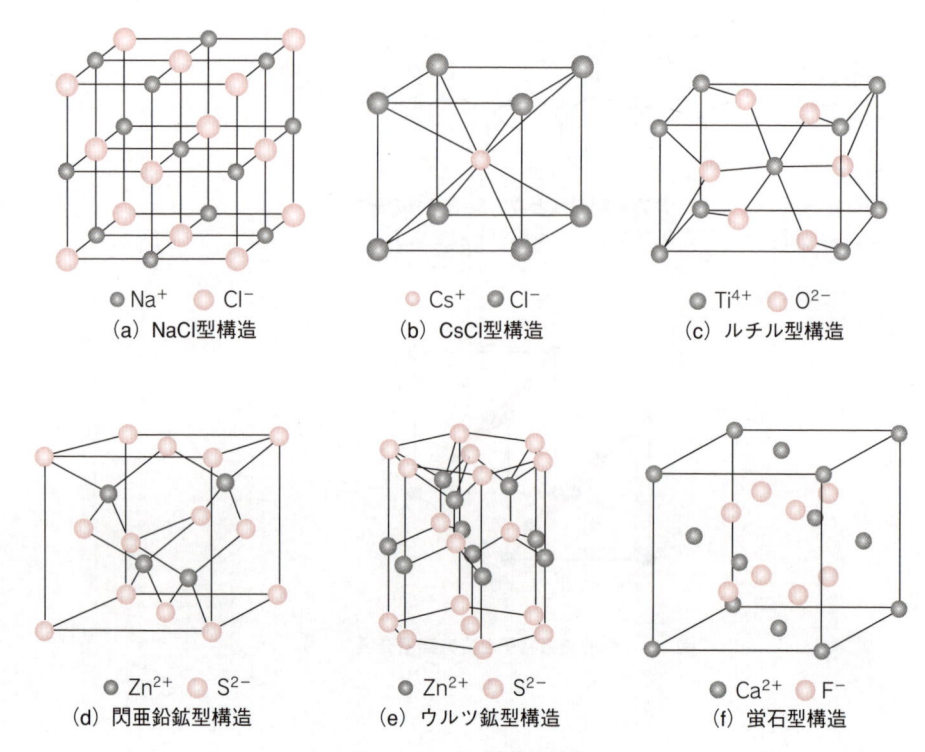

(d) 閃亜鉛鉱型構造　●Zn^{2+} ○S^{2-}

(e) ウルツ鉱型構造　●Zn^{2+} ○S^{2-}

(f) 蛍石型構造　●Ca^{2+} ○F⁻

図 3.7　イオン結晶の構造
それぞれ異なったスケールで描かれているので，大きさの比較はできないことに注意する．

表 3.2　イオン結晶の構造の特徴

	構造	特徴
陽イオンと陰イオンの数が同じ	NaCl型構造	陽イオン，陰イオンともに相手のイオン6個によって囲まれている．二つの面心立方格子が稜線方向に稜線の1/2単位だけずれて重なっている
	CsCl型構造	二つの単純立方格子が立体対角線方向に対角線の1/2単位だけずれて重なっている
	閃亜鉛鉱型構造	二つの面心立方格子が立体対角線方向に対角線の1/4単位だけずれて重なっている
	ウルツ鉱型構造	二つの六方最密充填構造がc軸方向にずれて重なっている
陰イオンの数が陽イオンの数の2倍	蛍石型構造	Ca^{2+}が立方体の頂点を占める8個のF⁻によって囲まれ，F⁻は四面体の頂点を占める4個のCa^{2+}によって囲まれている
	ルチル型構造	Ti^{4+}が6個のO^{2-}によって八面体的に囲まれ，O^{2-}はTi^{4+}がつくる三角形の重心にある

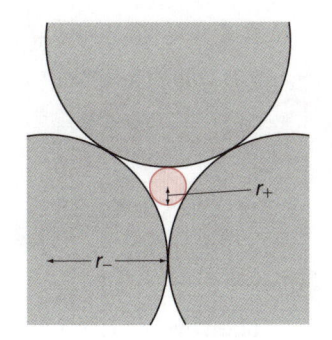

図 3.8 極限半径比

表 3.3 配位数と極限半径比

配位数	構造	極限半径比
3	正三角形	0.155
4	正四面体	0.225
4	正方形	0.414
6	正八面体	0.414
8	体心立方体	0.732
12	最密構造	1

　ところで多くの無機化合物はイオン結晶に属するが，なかには共有結合性が含まれるものもある．陽イオンの半径が小さいほど，また陰イオンの半径が大きいほど，共有結合性が増大する．たとえば Be^{2+}，Mg^{2+}，Ca^{2+} の塩化物の共有結合性を比較すると

　　$CaCl_2 \rightarrow MgCl_2 \rightarrow BeCl_2$

の順に共有結合性が大きくなる．
　また陽イオン，陰イオンともに価数が増大するにつれて共有結合性が増大する．すなわち

　　$NaCl \rightarrow MgCl_2 \rightarrow AlCl_3$

の順に共有結合性が大きくなる．

(3) 共有結合結晶

　共有結合には方向性があることを 2.1 節で述べた．共有結合結晶には，この方向性を反映した構造が見られる．
　ダイヤモンドは代表的な共有結合結晶で，その構造を図 3.9 に示す．炭素原子 C が sp^3 混成軌道をつくり，それを中心に正四面体の頂点方向にそれぞれ伸びた軌道が四つの σ 結合をつくっている．Si および Ge

0.357 nm

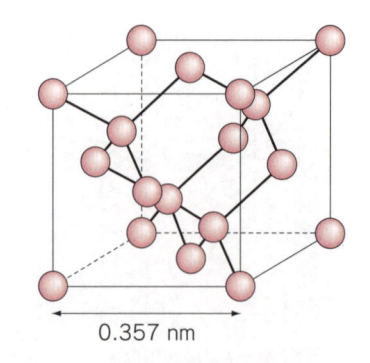

図3.9 ダイヤモンドの結晶構造

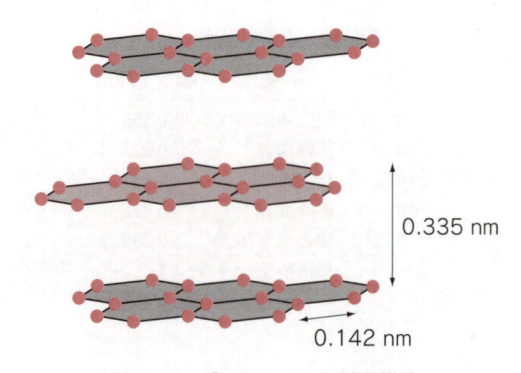

0.335 nm

0.142 nm

図3.10 グラファイトの結晶構造

も同じ14族の元素で，やはりsp^3混成軌道をつくって同様の構造をしている．

一方，図3.10に示したグラファイト（黒鉛ともいう）では炭素原子はsp^2混成軌道をつくり，正三角形の頂点方向に伸びた軌道が三つのσ結合をつくっている．いわゆる"亀の甲"の形をなしている．残った2p電子の軌道はこの"亀の甲"の層と垂直方向に伸びており，これがπ結合を形成する．この電子は積み重なった層と層の間のすき間を自由に動けるため，グラファイトは電気を通す．また，この層と層の間には弱いファン・デル・ワールス力が働いている[†]．なお図3.10に示すように，共有結合する炭素-炭素の結合距離 0.142 nm に比べて，層間の距離は 0.335 nm といちじるしく大きいことがわかる．

ところで窒化ホウ素BNは人工的に合成された化合物で，グラファイトと類似した構造をしている．すなわち"亀の甲"の層が重なった構造をしている．しかしBNはグラファイトのように電気を通さない．これはBNのπ軌道に電子がなく，空なためである．

石英SiO_2はSi原子を中心に，ほぼ正四面体の頂点にある4個のOが

[†] ファン・デル・ワールス力については 3.3.2(2) 項で述べる．

連なった構造をした共有結合結晶である．こうした構造のため硬く，融点が高い．SiO_4^{4-} をケイ酸イオンと呼ぶが，これがさまざまなネットワークをつくって直鎖状，層状構造をつくる．いろいろな岩石を構成する成分である．

(4) 分子結晶

分子結晶は結合力の弱いファン・デル・ワールス力によってつくられる．このため硬度は低く，融点も高くはない．しかし結晶中に水素結合が存在すると，融点は比較的高くなる．氷の融点が高いのは水素結合のためである．

希ガス，二原子分子（H_2, N_2, CO, HCl, HBr），多原子分子（CH_4, NH_3, CO_2）の結晶は面心立方格子をつくる．図 3.11 に二酸化炭素 CO_2 の結晶構造を示す．分子の重心が面心立方格子をつくり，棒状の分子は，空間的障害のないほうを向いて並んでいる．

ドライアイス
二酸化炭素の結晶が，いわゆるドライアイスである．

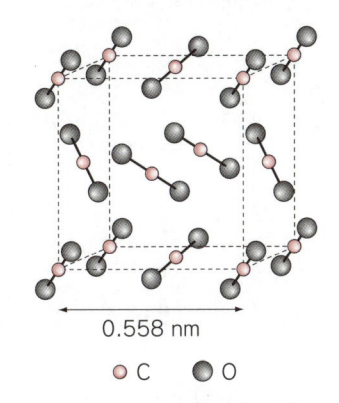

図 3.11　二酸化炭素の結晶構造

(5) 液晶

分子結晶はすぐ上で述べたように，分子の重心の配列と分子の配向の両方が三次元的に周期性を示すが，その両者が完全に乱れた状態に至るまでに中間的な状態が存在する．これはとくに，長い棒状の分子の集合体でよく見られる．そうした分子では，分子の重心の配列は完全に乱れているが，分子の配向については一方向に揃っている状態を観測することがある．この状態を液晶のネマチック状態という．こうした集合状態にはこのほかに，図 3.12 に示すような層状のスメクチック状態や，分子の配向がらせん型であるコレステリック状態がある．

ところで結晶が液晶の状態になると，その光学的性質がいちじるしく変化する．すなわち強い光散乱のため，液晶はにごって見えるようになる．この性質と，分子の配向が外部から加える磁場や電場によって変化

ネマチック状態

スメクチック状態

コレステリック状態

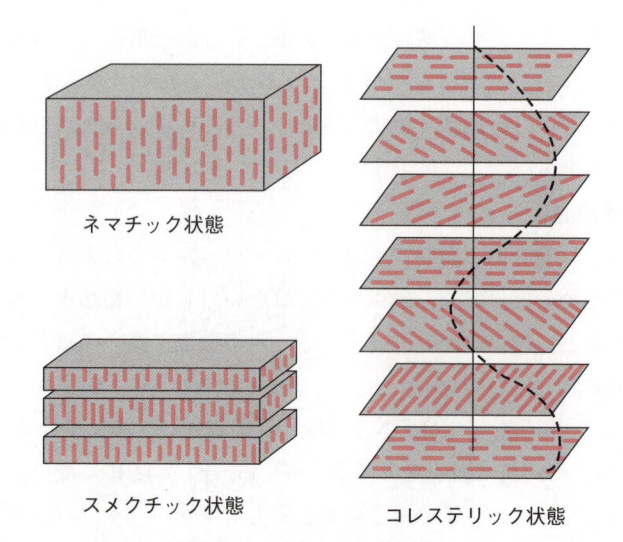

図 3.12　液晶分子の配向状態
液晶分子を赤で示した.

p-アゾキシアニソール

安息香酸コレステリル

p-アゾキシ安息香酸

図 3.13　代表的な液晶分子

する性質とを組み合わせて，ディスプレイなどがつくられている.

　液晶の状態を示す分子として，図 3.13 のような *p*-アゾキシアニソール，*p*-アゾキシ安息香酸，安息香酸コレステリルなどが知られている.

3.2　液　体

液体については，要点を箇条書きにして示すことにとどめておく.
まず，液体の特色をまとめると以下のようになる.
① 容器と接しない面は自由界面を形成する.
② 等方的な性質をもつ.
③ 固体とあまり違いのない密度をもちながら，流動性に富む.

④ 気体よりいちじるしく小さいが，固体と同じ程度の圧縮性がある．
⑤ 蒸発熱を沸点で割った値が，多くの液体で一定（88 J K^{-1} mol^{-1}）になる．

また液体は，次のように分類することができる．

① 分子性液体：永久双極子モーメントをもたない液体で，上にまとめた通常の液体の性質を備えている．He，Ar などの希ガスや，H_2，N_2，CO_2，CH_4 などを液化したものである．
② 会合性液体：H_2O，C_2H_5OH などは，水素結合の存在のため，通常の液体とは大きく異なる性質を示す．会合性液体はいろいろな物質を溶かす溶媒として広く用いられている．
③ 金属性液体およびイオン性液体：Hg（融点 − 38.8 ℃），Ga（29.8 ℃），Cs（28.4 ℃）は，室温付近で液体状の金属である．これらは液体であっても金属であり，通常の液体に比べて電気伝導度が大きく，圧縮率が小さい．また溶融した塩化ナトリウム NaCl では Na^+，Cl^- のイオンが液体状態になっている．これはイオン性液体と呼ばれる．

次節では気体を扱うが，これについては少しくわしく述べることにする．

3.3 気　体

気体についての第一のポイントは，気体を取り扱ううえで最も重要な状態方程式を導くことである．すなわち圧力，温度，体積およびモル数がどのような関係にあるかということである．とくに分子の大きさや分子の間に働く引力が問題となる実在気体の状態方程式をよく理解してほしい．第二のポイントは，分子の集団としての気体の性質であり，エネルギーをどのように取り扱うかということである．

3.3.1　理想気体の状態方程式
(1) 理想気体とは

次の式（3.1）を理想気体の**状態方程式**といい，この式（3.1）に従う気体を**理想気体**と呼ぶ．

$$PV = nRT \tag{3.1}$$

ここで P は気体の圧力，V は体積，T は絶対温度，n はモル数で，R は**気体定数**と呼ばれる定数

$$R = 8.314 \, \text{J}\,\text{K}^{-1}\,\text{mol}^{-1}$$

である.

　分子の密度が小さくなると，気体はより正確に式 (3.1) に従うようになる．一方，圧力が高くなって分子の大きさが無視できなくなったり，分子間に働く引力や反発力などといった分子間相互作用が大きくなると式 (3.1) は成り立たなくなる．

　なお理想気体を完全気体と呼ぶことがあるが，どちらも同じ意味である．

(2) 状態方程式の導出

　式 (3.1) はボイルの法則とシャルルの法則から導かれる.

　ボイルの法則は温度が一定のとき，一定量の気体の体積 V は圧力 P に反比例するというもので

$$V \propto \frac{1}{P} \quad \text{または} \quad PV = (\text{一定}) \tag{3.2}$$

と表される．一方，シャルルの法則は圧力が一定のとき，一定量の気体の体積 V は絶対温度 T に比例するというもので

$$V \propto T \quad \text{または} \quad \frac{V}{T} = (\text{一定}) \tag{3.3}$$

と書かれる．

　上の二つの関係から，一定量の気体の体積は圧力に反比例し，絶対温度に比例することがわかる．すなわち

$$V \propto \frac{T}{P} \quad \text{または} \quad \frac{PV}{T} = (\text{一定}) \tag{3.4}$$

が成り立つ．これをボイル・シャルルの法則と呼ぶ．ここで気体の量が $n = 1\,\text{mol}$ のときの比例定数を R とすれば，式 (3.1) が導かれる．

(3) 状態方程式の考察

　式 (3.1) には体積 V が一定のとき，一定量の気体の圧力 P が絶対温度 T に比例することが示されている．この関係が成り立つ理由を述べていこう．

　これは気体分子の運動を考えることで説明できる[†]．

　いま，ある一定量の気体を体積が一定の容器に閉じ込めたとする．気体の圧力は，この気体の分子が運動し，容器の壁に衝突することで生じ

> **ゲイ・リュサックの法則**
> シャルルの法則はゲイ・リュサックの法則とも呼ばれる．

[†] ここでの考え方は，さらに 3.3.4 項でくわしく述べる．

る．このとき圧力の大きさは，気体分子が器壁に衝突したときの運動量の変化の大きさと衝突頻度の積に比例する．

$$（圧力）\propto （運動量）\times （衝突頻度） \tag{3.5}$$

ところで，運動量と衝突頻度はそれぞれ気体分子の平均速度に比例するから，上の式より

$$（圧力）\propto （平均速度）^2 \tag{3.6}$$

となる．さらに気体分子の平均速度は絶対温度の平方根に比例するから，この式は

$$（圧力）\propto （絶対温度） \tag{3.7}$$

となって，式 (3.1) で見られる関係を得ることができる．

(4) 熱力学における利用

これからさまざまな考察を進めるに従って気づくことであるが，熱力学においては PV という項によく出会う．この PV はエネルギーの単位をもっている．すなわち

$$\mathrm{N\,m^{-2}}\times \mathrm{m^3} = \mathrm{N\,m} = \mathrm{J} \tag{3.8}$$

である．

理想気体を扱うときには式 (3.1) から，この PV を nRT に置き換える式変形がよく行われる．もちろん液体や固体では，この置き換えはできない．

> **仕 事**
> 4.1 節で述べられるように，本書で考える**仕事**は，ほとんどがこの PV である．とくに PV 仕事ということもある．

3.3.2 実在気体

(1) 分子間相互作用と圧縮係数

さて式 (3.1) を変形すると，1 mol の気体に対して次式が成立する．

$$\frac{PV}{RT} = 1 \tag{3.9}$$

気体分子の間に引力や反発力が働いていると，この関係は成り立たない．そのような状態の気体を**実在気体**または**不完全気体**と呼ぶ．同一の分子からなっていても，圧力を上げていくと，理想気体の状態から実在気体の状態へ変化する．

ところで一般に，気体分子の間に引力が働けば圧力は小さく測定され，一方，反発力が働けば圧力は大きく測定される．すなわち分子の間に働

く力がゼロであれば式 (3.9) が成立するが，引力が働く場合は式 (3.9) の右辺は1以下になり，反発力の場合は1以上になる．つまり，この PV/RT の値により分子間の相互作用を記述できることになる．そこで

$$\frac{PV}{RT} \equiv Z \tag{3.10}$$

とおいて，Z を**圧縮係数**と呼ぶことにする．いくつかの分子について，圧力による Z の変化を図 3.14 に示す．

この図からメタン CH_4，エチレン C_2H_4，アンモニア NH_3 の場合，圧力とともに Z は変化し，はじめ1以下だった Z は，数百 atm に達すると1以上になることがわかる．これは，分子間の相互作用が引力から反発力に変化することに対応している．

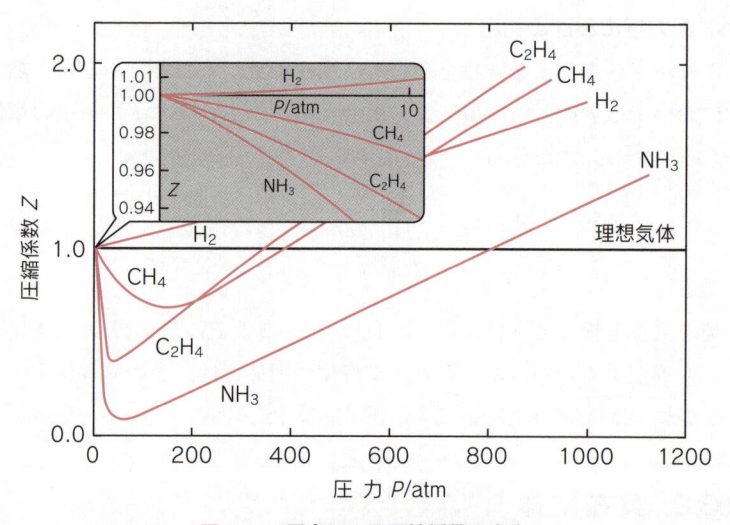

図 3.14 圧力による圧縮係数の変化

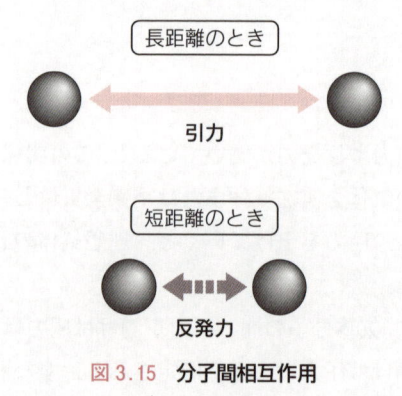

図 3.15 分子間相互作用

どのような分子間相互作用が働くかは，分子間の距離に依存する．一般に気体では，長距離では引力，短距離では反発力が優先的になる（図3.15）．図3.14において，まずは圧力が増え始めると長距離引力が働き始め，Z が減少する．しかし，さらに圧力が増していくと分子間の距離が小さくなるため反発力が優先的に働き，Z は大きくなっていく．この反発力は電子どうし，または原子核どうしの相互作用に起因する．

(2) いろいろな分子間相互作用

上に述べた実在気体における分子間相互作用には，具体的にどのようなものがあるのだろうか．実際には以下に示すようないろいろな分子間相互作用が働いている．これらは化学結合とは異なって弱い相互作用であり，また化学結合と比べると遠距離まで働く相互作用である．

(a) 双極子-双極子相互作用

第2章で述べたように，電気陰性度の異なる原子どうしが結合すると分子内に電子のかたよりが生じ，永久双極子モーメントが生じる．この永久双極子モーメントをもつ分子どうしが接近すると，一方の分子の正の電荷を帯びたほうと，もう一方の分子の負の電荷を帯びたほうとが向かい合うようになって二分子間に引力が生じる．これを双極子-双極子相互作用という．

H_2O や HF，NH_3 では分子間に水素結合が働くことを第2章で述べたが，水素結合はこの双極子-双極子相互作用の強いものということができる．すなわち H は正電荷を帯びているが，H の大きさは小さいため，この電荷による H 周りの電場は強くなる．そのため他の分子の O や F，N が強く H に引きつけられることになり，これを特別に水素結合と呼んでいるのである．

(b) 双極子-誘起双極子相互作用

図3.16 に示すように，永久双極子モーメントをもつ分子が他の分子内に双極子モーメントを誘起し，その結果，二分子間に引力が生じる．これを双極子-誘起双極子相互作用と呼ぶ．

(c) 分散力

永久双極子モーメントをもたない分子間においても相互作用が存在する．たとえば希ガス原子について見ると，電子は原子核の周りに対称に分布しているが，一瞬の電子の位置によって原子核と電子分布の相対位置が変わり，一時的双極子モーメントが生じうる（図3.17）．この一時的双極子モーメントが他の分子内に双極子モーメントを誘起し，この結果，二分子間に引力が働く．これを分散力またはロンドン力と呼ぶ．

双極子モーメント

正の電荷 $+q$ と負の電荷 $-q$ とが距離 l だけ離れて存在しているとき，積 ql を双極子モーメントという．

この量は分子についても考えることができ，無極性分子とは，この双極子モーメントをもたない分子のことで，たとえば直線形の CO_2 などが代表例である（分子が左右対称なため，O を中心とした左右の双極子モーメントが打ち消しあって，分子全体としてはゼロになる）．一方，折れ曲がった形をした O_3 などは双極子モーメントをもった分子である．

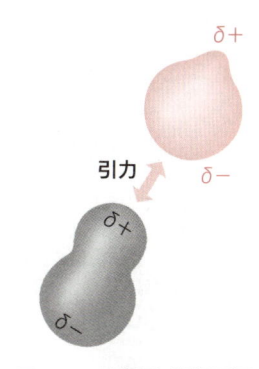

図 3.16 双極子-誘起双極子相互作用のイメージ

グレーで示した分子の接近によって，赤で示した分子に双極子モーメントが誘起され，引力が生じる．

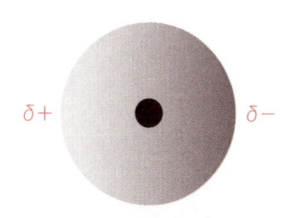

図 3.17 一時的双極子モーメントのイメージ

以上述べた三つの相互作用は**ファン・デル・ワールス力**と総称される．いずれも相互作用の大きさは分子間の距離の6乗に反比例する．

このファン・デル・ワールス力による相互作用は弱いものであるといっても，物質の沸点や融点を左右する本質的な力である．一般に，分子量が大きくなると沸点や融点は上昇する（図2.17参照）．これは分子量が大きくなると，分子に含まれている電子の数が増えて多数の電子が集団的にゆらぐことになり，その結果，分極が大きくなって，大きな双極子モーメントをもつようになりファン・デル・ワールス力による分子間相互作用が大きくなるからである．

(3) ビリアル状態方程式

実在気体は式（3.1）に従わないので，別の状態方程式が必要になる．実験に基づいて式（3.9），すなわち $PV/RT = 1$ からのずれを

$$\frac{B}{V} + \frac{C}{V^2} + \frac{D}{V^3} + \cdots \tag{3.11}$$

の形で表し，次の形にまとめたものを**ビリアル状態方程式**という．

$$\frac{PV}{RT} = 1 + \frac{B}{V} + \frac{C}{V^2} + \frac{D}{V^3} + \cdots \tag{3.12}^\dagger$$

"ビリアル"とはラテン語の"力"という言葉に由来し，また B, C, D はビリアル係数と呼ばれる．さまざまな気体についてビリアル係数が求められている．

(4) ファン・デル・ワールス状態方程式

ビリアル状態方程式（3.12）は実験式なので最も信頼できるが，式の意味を理解できる形にはなっていない．これに対して次に述べるファン・デル・ワールス状態方程式は，分子間相互作用がどのように寄与しているかをうまく表現している．

では，まずはじめに，分子どうしがきわめて接近した場合に働く反発力の効果を考えてみよう．すでに述べたように，互いに接近すると分子の間には反発力が働き，このため分子どうしはある距離よりも近くには近づけないことになる．この相互作用により分子は"大きく"なって，したがって気体分子が自由に運動できる空間は小さくなる．これを気体の体積が減少したことと考えて，理想気体の状態方程式（3.1）の V を $V - nb$ で置き換える．

$$P(V - nb) = nRT \tag{3.13}$$

† 上で述べたように，ここでは $PV/RT = 1$ からのずれを考えているから，この式は1 mol の実在気体に対するものであることに注意する．

ここで n はモル数，b は定数である．いうまでもなく nb が上で述べた "反発力のために減少した体積" である．この式 (3.13) は，反発力が重要な役割を果している気体の挙動をうまく記述することができる．

次に一方，分子の間に働く引力の効果を考える．3.3.1 (3) 項で，気体の圧力が気体分子の平均速度の 2 乗に比例することを述べた．ところで，分子間に引力が働くと平均速度は減少し，その減少の大きさはその引力の大きさに比例する．したがって気体の圧力減少分は，分子の間に働く引力の大きさの 2 乗に比例することになる．

$$（圧力減少分）\propto （分子間引力の大きさ）^2 \tag{3.14}$$

ところで，この分子間引力の大きさと，気体分子の濃度 n/V との関係を考えると，ある一つの分子に注目したとき，その分子に働く引力は，その周りに存在する分子の個数に比例する．したがって引力の大きさは，気体分子の濃度 n/V に比例することになる．すなわち

$$（分子間引力の大きさ）\propto \frac{n}{V} \tag{3.15}$$

式 (3.14) と (3.15) から，分子間引力が働くことによる気体の圧力の減少は $(n/V)^2$ に比例することがわかる．比例定数を a として，これを $a(n/V)^2$ と書くことにする．

$$（圧力の減少）= a\left(\frac{n}{V}\right)^2 \tag{3.16}$$

ここで式 (3.13) を P について解いて，式 (3.16) を考慮すると，次式を得る．

$$P = \frac{nRT}{V - nb} - a\left(\frac{n}{V}\right)^2 \tag{3.17}$$

これが**ファン・デル・ワールス状態方程式**である．

このように理想気体の状態方程式 (3.1) に，以上のような効果による補正を施してファン・デル・ワールス状態方程式 (3.17) が得られる．

3.3.3 臨界状態

一定温度において，圧力 P と体積 V の関係をプロットしたものを **PV 等温線** という．図 3.18 に二酸化炭素の PV 等温線を示した．

さて，この図中に見られる平坦部分 AB に着目しよう．ここは大きな

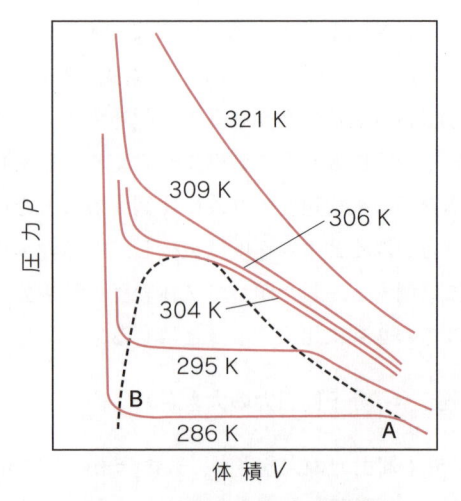

図 3.18 二酸化炭素の PV 等温線

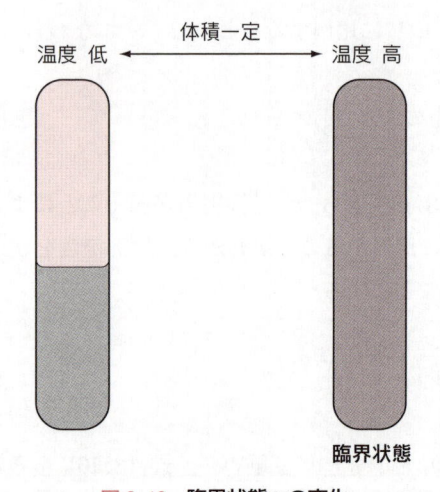

図 3.19 臨界状態への変化
気体を赤色，液体をグレーで表す．臨界状態では両者の界面は消える．

体積において（すなわち図の右側の領域において）気体だった二酸化炭素が液体になる変化が進行している領域である．すなわち，この領域では気体と液体が共存し，圧力が一定に保たれている．

ところが図に示すように，温度を上げていくと曲線のこの平坦部分が短くなり，ついには 304 K において液体への変化が見られなくなる．液体への変化が起こる最高の温度を**臨界温度**といい，このときの圧力を**臨界圧**という．さらに臨界温度と臨界圧とで表される状態を**臨界状態**と呼ぶ．

あらためて述べれば図 3.18 において，A での体積は気体の体積であり，B での体積は液体の体積である．すなわち曲線の平坦部分の右側が

気体の体積であり，左側が液体の体積である．温度が高くなるとこの平坦部分が短くなり，ついにはそれらの点が重なる．すなわち液体の体積と気体の体積とが等しくなる．これが**臨界状態**である．

このような状態では，液体と気体の密度は等しくなって，液体と気体の界面は消失する．この様子を図 3.19 に示した．

3.3.4 分子の集団としての気体
(1) マクスウェル・ボルツマン分布

すでに 3.3.1 (3) 項で，気体分子の運動を考えることを学んだ．いまアボガドロ数個の気体分子を考えると，実はこれらの分子はすべて同じ速度で運動しているわけではなく，図 3.20 のような分布を示している．このような分布を**マクスウェル・ボルツマン分布**という．

気体の温度や圧力を議論するときには，気体分子についてのこうした分布が，どのようになっているかを考えることになる．たとえば気体の温度は，このような分布に従う気体分子の運動エネルギーの平均値を表している．

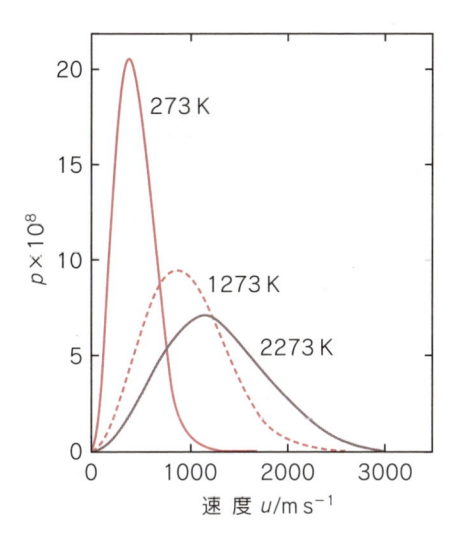

図 3.20 マクスウェル・ボルツマン分布
高温になるほど，速度の大きな分子が増えることがわかる．

(2) 気体の圧力と状態方程式

いま図 3.21 に示すように，1 辺の長さ l の立方体に 1 mol の気体を閉じ込めたとする．これも 3.3.1 (3) 項で述べたことだが，このとき気体の圧力は，この気体分子が容器の壁に衝突することで生じる．このことをもっとくわしく見ていこう．

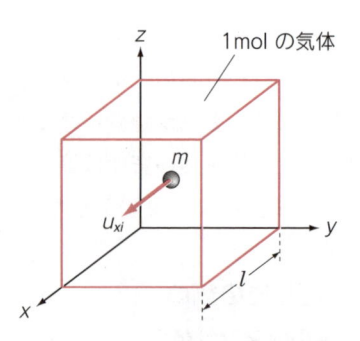

図3.21　x 方向への分子の運動

さて，いま立方体の1辺を x 軸とし，ある分子 i の x 方向の速度成分を u_{xi} とする．この分子が x 軸と垂直な yz 平面と弾性衝突をする場合を考えると，単位時間の衝突回数は $u_{xi}/2l$ で与えられる．分子の質量を m とすると，1回の衝突で運動量は mu_{xi} から $-mu_{xi}$ へと変化するので，運動量の変化は $2mu_{xi}$ となり，これが力として yz 平面に作用する．単位時間では

弾性衝突

衝突の前後で，物体の運動エネルギーが変化しない場合を弾性衝突という．

$$2mu_{xi} \times \frac{u_{xi}}{2l} = \frac{mu_{xi}^2}{l} \tag{3.18}$$

だけの力が yz 平面に作用する．いまアボガドロ数 N_A 個の分子が存在することに注意して，yz 平面の単位面積当りに作用する力 P_{yz} を求めると，次のようになる．

$$P_{yz} = \sum_{i=1}^{N_A} \frac{mu_{xi}^2}{l^3} \tag{3.19}$$

これが yz 平面に働く圧力である．同様に zx 平面，xy 平面に働く圧力 P_{zx} および P_{xy} をそれぞれ速度成分 u_{yi} および u_{zi} を用いて表せば

$$P_{zx} = \sum_{i=1}^{N_A} \frac{mu_{yi}^2}{l^3} \tag{3.20}$$

$$P_{xy} = \sum_{i=1}^{N_A} \frac{mu_{zi}^2}{l^3} \tag{3.21}$$

となる．気体分子の運動がまったくランダムならば各面が受ける力は互いに等しく，したがって圧力も等しいので，これを P とおく．

$$P_{yz} = P_{zx} = P_{xy} \equiv P \tag{3.22}$$

さらに

$$\sum_{i=1}^{N_A} u_{xi}^2 = \sum_{i=1}^{N_A} u_{yi}^2 = \sum_{i=1}^{N_A} u_{zi}^2 = \sum_{i=1}^{N_A} \frac{u_i^2}{3} \tag{3.23}$$

の関係が成り立つ．ここで u_i は

$$u_i^2 = u_{xi}^2 + u_{yi}^2 + u_{zi}^2 \tag{3.24}$$

である．よって，たとえば式 (3.22), (3.19), (3.23) より

$$P = m \sum_{i=1}^{N_A} \frac{u_i^2}{3l^3} \tag{3.25}$$

となる．いま平均二乗速度 $\bar{u}^2$ を

$$\bar{u}^2 \equiv \sum_{i=1}^{N_A} \frac{u_i^2}{N_A} \tag{3.26}$$

と定義すると，式 (3.25) より

$$P = \frac{m N_A \bar{u}^2}{3l^3} \tag{3.27}$$

を得る．すなわち圧力が分子の平均二乗速度で与えられることになる．さらに l^3 が体積 V に等しく，また分子量を M とすると次式が得られる．

$$PV = \frac{M \bar{u}^2}{3} \tag{3.28}$$

これを理想気体の状態方程式 $PV = RT$ と等しいとおくと

$$RT = \frac{M \bar{u}^2}{3} = \frac{2}{3} \times \frac{M \bar{u}^2}{2} = \frac{2}{3} E \tag{3.29}$$

ここで E は気体分子の並進の運動エネルギーである．この式 (3.29) から

$$E = \frac{3}{2} RT \tag{3.30}$$

を得る．すなわち E は絶対温度 T に比例する．

以上のように，気体の状態方程式は気体分子の運動あるいはエネルギーについての関係式と見なせることがわかる．

章末問題

3.1 球を面心立方格子および六方最密充填の構造に詰めると全体の体積の74%は球で占められ，すき間は26%になる．このことを示せ．

3.2 体心立方格子のイオン結晶では，極限半径比が0.73であることを導け．

3.3 グラファイトは電気を通すが，窒化ホウ素BNは電気を通さない．この理由を説明せよ．

3.4 ドライアイスについて次の問いに答えよ．
   (a) どのような結晶に分類されるか．
   (b) どのような結晶構造をしているか．
   (c) どのような結合力による結晶か．

3.5 液晶ディスプレイは，液晶のどのような性質を利用しているか．

3.6 気体について以下の問いに答えよ．
   (a) 二酸化炭素CO_2は双極子モーメントをもたない無極性分子である．この理由を簡単に説明せよ．
   (b) 希ガスにおいても分散力と呼ばれる相互作用が生じる．分散力はどのようなときに生じるか．簡単に説明せよ．

3.7 一般に分子量が大きくなると，沸点や融点が上昇する．この理由を述べよ．

3.8 ファン・デル・ワールス状態方程式(3.17)

$$P = \frac{nRT}{V-nb} - a\left(\frac{n}{V}\right)^2$$

について，次の問いに答えよ．
   (a) アンモニアNH_3と窒素N_2のそれぞれに，この状態方程式を適用したとき，定数aの値はどちらの場合が大きいと考えられるか．理由とともに述べよ．
   (b) この状態方程式に含まれる項nbの意味を答えよ．
   (c) 水素H_2の圧縮係数Zは常に正である．この理由をファン・デル・ワールス状態方程式中の定数aとbを用いて説明せよ．

第II部
物質の変化

　化学反応の概念には2本の柱がある．化学平衡論と反応速度論である．化学平衡論では，反応がどこに向かって進行するかを問い，反応速度論は，どれくらいの速度で平衡に向かって反応が進行するかを問うものである．

　化学平衡論について述べる第4章では，平衡定数が熱力学に基づいて机上で計算できることを学ぶ．すなわち反応が進むか進まないかを，実験をしないでも知ることができるのである．化学平衡論は，その意味で完全な理論である．一方，第5章で述べる反応速度論では，化学反応の速度を予想することは困難で，その意味で，まったく不完全な理論である．

　なお本書においては，化学平衡論と反応速度論はそれぞれ章を分けて述べられるが本来，この二つは対のようなもので切り離すことはできない．両者における考え方の違いと同時に，密接な関係も学んでほしい．

　化学平衡論を扱う第4章はまた，熱力学が主題でもある．熱力学は第I部で述べた量子力学とともに，大きな理論の柱である．ただ量子力学が粒子一つ一つの性質を明らかにするものであるのに対して，熱力学は多数の粒子の振舞いを対象とする．このような意味で量子力学は微視的，熱力学は巨視的といわれる．たとえば大気中の酸素分子を考えたとき，酸素分子はすべて同じ速度で運動しているわけではない．速いものもあれば遅いものもあるといったように，速度に分布がある．熱力学では，そのような分布を議論する．

　熱力学においては，とくに自由エネルギーの概念が重要である．巨視的な系の変化を自由エネルギーで議論できる点に注目してほしい．

　第II部の後半では，反応の二大タイプである酸塩基反応と酸化還元反応について学ぶ．ともに電子の授受が関係するが，それぞれの区別を明確にすることが大切である．またこの両者において，化学平衡論と反応速度論がどのようにかかわっているかもポイントになる．

第4章　化学平衡

　エネルギーに関する理論の一つに熱力学がある．すでに述べてきた量子力学もエネルギーに関する理論であるが，量子力学が粒子一つひとつを取り扱うものであるのに対して，熱力学はアボガドロ数ほどの多数個の粒子を扱うものである．このため量子力学ではエネルギー準位を問題にしたが，熱力学ではエネルギー分布を問題にすることになる．
　本章では熱力学の初歩的な内容と，化学への適用について述べる．この熱力学は，本章で述べるような化学平衡論と呼ばれるものの基礎をなす．

4.1　熱力学

4.1.1　熱力学第一法則

　熱力学の法則として，第一法則から第三法則までの三つが知られている．ここでは第一法則について述べ，第二法則については次節で述べることにする．

　まずはじめに，熱力学で用いられる用語をいくつか定義しておく．

　私たちが考察の対象とする系には2種類あり，一つは物質の出入りがない**閉鎖系**で，もう一つはさらにエネルギーの出入りもない**孤立系**である．ここでいうエネルギーとは**熱**，**仕事**，**内部エネルギー**のことを指す．

　さて**熱力学第一法則**は，次のようなものである．

> **熱力学第一法則**
> 　孤立系において，いかなる変化が起こっても，エネルギーは保存される．

熱力学第三法則
熱力学第三法則は〝いかなる方法によっても有限回の操作で絶対零度に到達することはできない〟というものである．これは〝すべての物質や系のエントロピーは絶対零度でゼロになる〟とも言い換えられる．

内部エネルギー
ここでは分子の並進・回転・振動エネルギーや電子エネルギー，分子間の相互作用エネルギーなどの総和をいう．

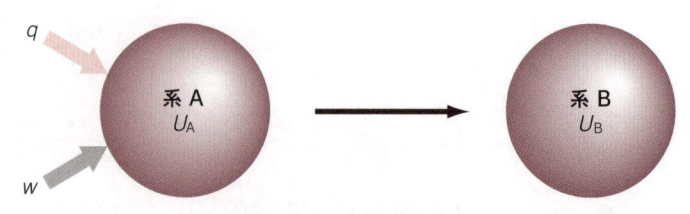

図4.1 系Aから系Bへの変化

これは**エネルギー保存則**とも呼ばれる．以下で，この法則をくわしく見ていこう．

図4.1は閉鎖系Aに熱qと仕事wが与えられ，閉鎖系Bに変化する様子を示す．U_AおよびU_Bはそれぞれ系Aと系Bの内部エネルギーである．

まず，熱力学第一法則より

$$U_A + q + w = U_B \tag{4.1}$$

が成り立つ．ここで変化の前後における内部エネルギーの差をΔUと書くことにすると

$$\Delta U \equiv U_B - U_A = q + w \tag{4.2}$$

となる．ここで微小変化を考えることにすると，上の式から以下が得られる．

$$\mathrm{d}U = \mathrm{d}q + \mathrm{d}w \tag{4.3}$$

これが熱力学第一法則を表現した式のうちで，最もよく目にするものである．この式は，系の内部エネルギー変化$\mathrm{d}U$は，系に加えられた熱$\mathrm{d}q$と系になされた仕事$\mathrm{d}w$の和に等しいことを示している．

ここで$\mathrm{d}q$と$\mathrm{d}w$の符号に注意しなければならない．$\mathrm{d}q$については系に加えられた場合を正に，系から出た場合を負にとる．一方，$\mathrm{d}w$では系になされた仕事を正に，系がなした仕事を負とする．

以上見たとおり，系Aから系Bへの変化は式（4.2）のようにΔUで表されるが，このΔUはqまたはwの片方だけがわかっても定まらない．式（4.2）で示されるようにΔUはqとwの和で決まるのである．すなわち系の変化は熱または仕事のいずれか一方に支配されるというものではない．

4.1.2 エンタルピー

いま体積 V_A の気体（これを系 A とする）が，一定の圧力 P のもとで熱 q を与えられて膨張し，体積 V_B（系 B）になったとする．

このとき，気体は大きさ $P(V_B - V_A)$ の仕事をしたことになるが，仕事 w については，系が周囲になした場合には負とする約束なので，符号を含めると仕事 w は

$$w = -P(V_B - V_A) \tag{4.4}$$

と書ける．これを式 (4.2) に代入して，整理すれば

$$q_P = (U_B + PV_B) - (U_A + PV_A) \tag{4.5}$$

となる．ただし，ここで一定圧力のもとで加えられた熱であることをはっきりと示すため q を q_P と書き直した．

式 (4.5) から，一定圧力のもとで加えられた熱 q_P は，それぞれの系の $U + PV$ を変化させたと見なすことができる．この $U + PV$ をひとまとまりにしてエンタルピー H と定義する．

$$H \equiv U + PV \tag{4.6}$$

この H を使って式 (4.5) を書き直せば

$$q_P = H_B - H_A \tag{4.7}$$

となる．すなわち加えられた熱 q_P は，系のエンタルピー変化に使われたといえる．

以上のようにエンタルピー H は，熱力学第一法則から，一定圧力の条件（これを定圧条件という）のもとで導かれる．

では一方，体積が一定という条件（これを定容条件という）のもとで，系に熱が加えられたときの変化はどのようなものだろうか．

この場合，気体は仕事をしないので，加えられた熱 q_V はすべて内部エネルギーの増加に使われる．

$$q_V = U_B - U_A \tag{4.8}$$

式 (4.7) と (4.8) で示された内容を整理して示すと，以下のようになる．

> 定圧条件において，加えられた熱はエンタルピーの増加に等しい．
> 定容条件において，加えられた熱は内部エネルギーの増加に等しい．

くり返すが，エンタルピーは定圧条件で導かれ，定容条件では用いられない．

なおエンタルピーも内部エネルギーと同様，系の状態によってのみ決まる関数（これを**状態関数**という）で，系がたどる変化の道筋にはよらない．

4.1.3 熱容量
(1) 定圧熱容量
ある物体を定圧条件で加熱し，温度を1単位だけ上昇させるのに必要な熱量を**定圧熱容量** C_P という．熱 q_P を加えたとき，温度が ΔT だけ上昇したとすると C_P は

$$C_P = \frac{q_P}{\Delta T} \tag{4.9}$$

と書ける．定圧条件のもとでは式(4.7)より $q_P = H_B - H_A \equiv \Delta H$ なので

$$C_P = \frac{\Delta H}{\Delta T} \tag{4.10}$$

となる．通常は微小変化を考え，これを次のように微分で表す．

$$C_P = \left(\frac{\partial H}{\partial T}\right)_P \tag{4.11}$$

多くの物質の C_P が知られており，エンタルピーの温度変化を計算する際に使用される．

(2) 定容熱容量
同様に物体を定容条件で加熱し，温度を1単位だけ上昇させるのに必要な熱量を**定容熱容量** C_V という．

いま熱 q_V を加え，温度が ΔT だけ上昇したとすると

$$C_V = \frac{q_V}{\Delta T} \tag{4.12}$$

と書ける．定容条件のもとでは式 (4.8) に示すように，$q_V = U_B - U_A \equiv \Delta U$ なので

$$C_V = \frac{\Delta U}{\Delta T} \tag{4.13}$$

熱容量と比熱

熱容量とは，ある物体を加熱し，温度を1単位だけ上昇させるのに必要な熱量のことで，おもに反応熱の計算で使われる．多くの場合には1 mol当りの値である**モル熱容量**（単位はJ K^{-1} mol^{-1}）を単に熱容量と呼ぶ．一方，単位質量当りの値は**比熱**（J K^{-1} g^{-1}）と呼ばれる．

となる．微小変化を考え，微分を用いれば

$$C_V = \left(\frac{\partial U}{\partial T}\right)_V \tag{4.14}$$

と表される．

(3) $C_P - C_V$ の値

理想気体の状態方程式（3.1）において $n = 1$ とし，これを式（4.6）に代入すると

$$H = U + RT \tag{4.15}$$

微小変化に対しては

$$dH = dU + R\,dT \tag{4.16}$$

と書ける．一方，式（4.11）および（4.14）より，それぞれ

$$dH = C_P\,dT \tag{4.17}$$
$$dU = C_V\,dT \tag{4.18}$$

となるので，これらを式（4.16）に代入すれば

$$C_P - C_V = R \tag{4.19}$$

が得られる．この式（4.19）は 1 mol の理想気体に対して成り立つことをあらためて注意しておいてほしい[†]．

† この項のいちばんはじめに，1 mol の理想気体について議論することを，はっきりと述べてある．

さて式（4.19）で示されるように C_P は C_V よりも大きい．この理由を考えよう．

4.1.2 項での議論からわかるように定圧条件では，加えられた熱は内部エネルギーの増加と，膨張による仕事に使われる．一方の定容条件では，熱は内部エネルギーの増加にのみ使われる．したがって，この気体の膨張による仕事のぶんだけ C_P のほうが大きくなる．その差はもちろん R である．

4.1.4　熱力学第一法則の化学反応への適用

これまでの議論は，とくに化学反応を意識したものではなかった．ただ単に"系 A が系 B に変化する"として話を進めてきた．ここから先は，系 A から系 B への変化が，化学反応による変化であるとして考えよう．

とはいえ，実は変化が化学反応によるものであるとしても，これまで導いてきた関係式には何の影響もない．すべてそのまま成り立つ．ただ

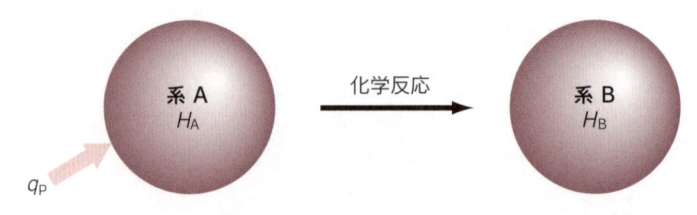

図4.2 化学反応による系の変化

考えるべき点はこれまでに現れてきた ΔH や ΔU が，化学反応において具体的に何に対応するかということである．

(1) 定圧条件のもとでの化学反応

図4.2は定圧条件のもとで，系Aが化学反応により系Bに変化する様子を示す．定圧条件においては，すでに式 (4.7) で見たように，加えられた熱 q_P はエンタルピー変化 ΔH に等しい．

$$q_P = \Delta H \tag{4.20}$$

ここで系においては熱 q_P が加えられて，化学反応が起こったと見なせるから，反応熱の"大きさ"は ΔH の絶対値に等しい．ここで4.1.1項で述べた符号についての定義に注意すると次のようになる．

すなわち ΔH が正ならば q_P も正で，このとき系Aは熱を吸収するので，これは吸熱反応になる．一方，ΔH が負ならば q_P も負で，このとき系Aは熱を放出するので，これは発熱反応になる．

(2) 定容条件のもとでの化学反応

同様に定容条件のもとで，系Aが化学反応により系Bに変化するときには，式 (4.8) で見たように，加えられた熱 q_V は内部エネルギー変化 ΔU に等しい．

$$q_V = \Delta U \tag{4.21}$$

したがって，反応熱の"大きさ"は ΔU の絶対値に等しい．

固体または液体の反応では，反応に伴う体積変化が小さいため，定容条件のもとでの反応と見なせる．一方，気体の反応は，定圧条件のもとで行われる場合が多い．

4.1.5 反応熱の計算

定圧条件のもとで起こる化学反応の反応熱は，反応の前後のエンタルピー変化に等しく，これをヘスの法則という．このヘスの法則を用いることで，ある反応の反応熱を，他の反応の反応熱から求めることができる．

> **ヘスの法則**
> ヘスの法則は熱力学第一法則，すなわちエネルギー保存則に基づいている．

表 4.1　298.15 K における標準生成エンタルピー ΔH_f°

	ΔH_f° /kJ mol^{-1}		ΔH_f° /kJ mol^{-1}
$H_2O(g)$	-241.8	$O_3(g)$	$+142.7$
$H_2O(l)$	-285.8	$NO(g)$	$+90.2$
$H_2O_2(l)$	-187.8	$NO_2(g)$	$+33.2$
$NH_3(g)$	-46.1	$N_2O_4(g)$	$+9.2$
$N_2H_4(l)$	$+50.6$	$SO_2(g)$	-296.8
$N_3H(l)$	$+264.0$	$H_2S(g)$	-20.6
$N_3H(g)$	$+294.1$	$SF_6(g)$	-1209
$HNO_3(l)$	-174.1	$HF(g)$	-271.1
$NH_2OH(s)$	-114.2	$HCl(g)$	-92.3
$NH_4Cl(s)$	-314.4	$HCl(aq)$	-167.2
$HgCl_2(s)$	-224.3	$HBr(g)$	-36.4
$H_2SO_4(l)$	-814.0	$HI(g)$	$+26.5$
$H_2SO_4(aq)$	-909.3	$CO_2(g)$	-393.5
$NaCl(s)$	-411.0	$CO(g)$	-110.5
$NaOH(s)$	-426.7	$Al_2O_3(\alpha, s)$	-1675.7
$KCl(s)$	-435.9	$SiO_2(s)$	-910.9
$KBr(s)$	-392.2	$FeS(s)$	-100.0
$KI(s)$	-327.6	$FeS_2(s)$	-178.2
		$AgCl(s)$	-127.1

例として

$$COCl_2 + H_2S \longrightarrow 2HCl + COS, \quad \Delta H_{298} = -78.7 \text{ kJ mol}^{-1} \tag{4.22}$$

$$COS + H_2S \longrightarrow H_2O(g) + CS_2(l), \quad \Delta H_{298} = 3.4 \text{ kJ mol}^{-1} \tag{4.23}$$

の二つの関係から，ある反応の反応熱を求めてみよう．なお，ここで ΔH_{298} は 298.15 K での反応熱を表している†．

式 (4.22) + (4.23) より以下を得る．

$$COCl_2 + 2H_2S \longrightarrow 2HCl + H_2O(g) + CS_2(l) \tag{4.24}$$

この反応熱は，同様な計算によって $-78.7 + 3.4 = -75.3 \text{ kJ mol}^{-1}$ と求まる．この値は負だから，反応 (4.24) は発熱反応である．

ところで，上のような方法で反応熱を計算するときに，たいへん便利な**標準生成エンタルピー** ΔH_f° が知られている．標準生成エンタルピーとは，標準状態（1 atm）において，ある化合物 1 mol をその成分元素から生成するときの反応熱である．表 4.1 に示すように多くのデータが得られているが，このほか 1 種類の元素からなる物質である H_2 や O_2 では ΔH_f° はゼロにとられる．

† 温度が変わると ΔH も変化する．

標準状態
圧力が 1 atm の状態を**標準状態**と呼ぶ．

単体
1 種類の元素からなる物質を**単体**という．一方，すでに用いてきた言葉だが，**化合物**とは 2 種類以上の元素からなる物質をいう．

4.2 熱力学第二法則

4.2.1 熱力学第二法則の意味

ある系が変化する場合に，その系のエネルギーは保存されるというのが熱力学第一法則であった．熱力学第二法則では，その〝エネルギーの質〟がどのように変化するかを議論する．言い換えれば，系の変化の方向に関する法則であり，以下のように表される[†]．

> **熱力学第二法則**
> 一つの熱源から熱を受け取り，これをすべて仕事に変える以外に何の変化も起こさないようなサイクルは存在しない．

[†] これはトムソンの表現と呼ばれるものである．熱力学第二法則には，そのほか同等な表現がいくつかある．

サイクル
系がある状態から一連の変化を経て元の状態に戻る過程をサイクルという．

この法則は，熱を完全に仕事に変換する第二種永久機関の実現が不可能であることを意味する．では，熱はどの程度仕事に変換されるのだろうか．また，それはどのように決まるのだろうか．これらの議論で登場するのがエントロピーという概念である．

4.2.2 エントロピー

自然に起こる変化を**自発変化**と呼ぶが，この自発変化の進む方向は系の〝乱雑さ〟が増加する方向である．ここで，この〝乱雑さ〟の度合いを表すのには**エントロピー** S が用いられる．乱雑さが大きくなるときエントロピーは大きくなると決められ，したがって自発変化はエントロピーが増大する方向に進むということになる．

系の変化の方向は，こうしたエントロピー変化 ΔS だけで決まる．系の変化が起こるときには，必ず

$$\Delta S \geq 0 \tag{4.25}$$

であり，このうち $\Delta S > 0$ の場合は**不可逆変化**と呼ばれる．日常，私たちがよく目にする変化である．一方，$\Delta S = 0$ の場合は**可逆変化**と呼ばれる．理論上重要な変化である．

可逆変化
系が外界と平衡の状態で，無限小の速度で変化が進行するという理想化した変化であり，理論上重要である．系と外界の全エントロピー変化 ΔS がゼロであることに注目すること．

こうした自発変化の進行とエントロピーの増大は，たとえば次の例で直感的に理解できるだろう．

いま栓がされ，狭い容器の中に気体が閉じ込められているとする．ここで栓をとってやると，気体は容器の外へ拡散して一様に広がる．この変化は気体分子の乱雑さが増すもの，すなわちエントロピーが増大する変化と考えることができる．

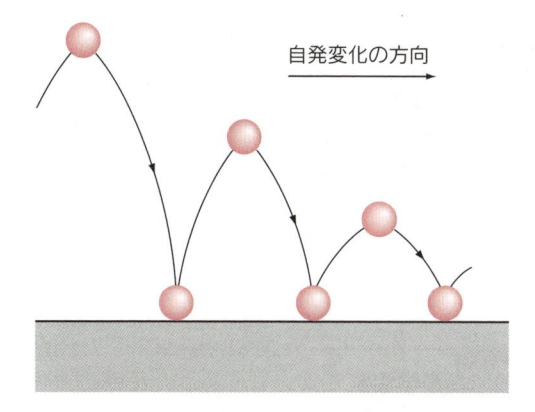

図 4.3　床で弾むボールの自発変化の方向

　これが自発変化の進む方向で，実際に観察される変化であるが，反対にエントロピーが減少するような変化がどのようなものであるかを考えてみよう．これは，一様に広がって運動していた気体分子が，容器の中へ集まってくるような変化になる．こうした変化が自然に起こるものでないことは理解できるだろう[†]．

　ところで，エネルギーにも乱雑さを考えることができ，したがってエントロピーを考えることができる．エネルギーの乱雑さ，エントロピーの変化と自発変化の関係について，次に考えてみよう．

　いま図 4.3 のように，ボールが床で弾むときのエネルギーのゆくえを考える．ボールがはじめにもっていた位置エネルギーは，床との衝突によって熱に変わり，床に吸収されていく．すなわち，位置エネルギーが熱に変化する．ここで熱とは原子の振動であり，この振動はばく大な数の原子を伝わっていくので，エネルギーの乱雑さは大きくなるものと考えられる．つまり（位置エネルギーに限らず）エネルギーが熱に変化するとエントロピーは増大する．したがって自発変化においては，エネルギーは熱に変わっていくことになる．

　さてここからは，エントロピーを定量的に考えることを始めよう．

　すぐ上で述べたように，熱 q への変化がエントロピーを増大させるので $\Delta S \equiv q$ と定義するとよさそうに思えるが，単にこれだけでは不十分で，温度も考慮しなければいけないのである．

　実は，高い温度の物質へ移る場合と，低い温度の物質へ移る場合とでは，エネルギーの"分散性"が異なる．低い温度の物質へ移るほうがエネルギーの分散性が大きく，エントロピーの増大は大きくなる．したがって絶対温度を T として，エントロピー変化 ΔS は次のように定義される．

[†] こうした変化を起こすためには外部から仕事を加えなければならない．

$$\Delta S \equiv \frac{q}{T} \tag{4.26}$$

エントロピー変化の導出
本書では式 (4.26) のように，エントロピー変化を天下り式に与えた．エントロピー変化 ΔS が熱 q に比例し，絶対温度 T に反比例することを理解してもらえば十分と考えたからである．
しかし実際には式 (4.26) は，熱力学の理論においてカルノーサイクルと呼ばれるもの（これは可逆変化のみからなる）を用いて導かれる．

微小変化に対しては

$$dS = \frac{dq}{T} \tag{4.27}$$

となる．

さて 4.2.1 項で熱力学第二法則として述べたように，熱を 100% 仕事に変換することはできない．この変換されないぶんが式 (4.27) で与えられる dq であり，いうまでもなく TdS に等しい．これは熱の移動のために費やされたものと考えてよい．

以上から明らかなように，熱を仕事に変換させる場合に，熱の大部分が仕事に変換される（すなわち dq が小さい）ならばエントロピー変化は小さく，一方，熱の大部分が熱として移動し，仕事に変換されたぶんが少ないならば，エントロピー変化は大きくなる．

こうして見ると，エントロピーは変化の前後で，エネルギーの分配の割合（仕事への変換の割合）がどのように変わるかを示す量であるともいえる．後述のように，これは系の変化の方向を表すことにもなる．

4.2.3 エントロピー変化の計算
(1) 系を加熱したときのエントロピー変化

系を加熱したときのエントロピー変化は式 (4.27) を温度 T で積分することにより求められる．系を絶対温度 T_i から T_f まで加熱するとし，それぞれの温度におけるエントロピーを $S(T_i)$ および $S(T_f)$ とすると，次式が成り立つ．

$$S(T_f) = S(T_i) + \int_{T_i}^{T_f} \frac{dq}{T} \tag{4.28}$$

定圧条件のもとでは式 (4.9) から

$$dq = C_P \, dT \tag{4.29}$$

なので，これを式 (4.28) に代入し，エントロピー変化

$$\Delta S \equiv S(T_f) - S(T_i) \tag{4.30}$$

とすれば

$$\Delta S = \int_{T_\mathrm{i}}^{T_\mathrm{f}} \frac{C_\mathrm{P}}{T}\,\mathrm{d}T \tag{4.31}$$

が得られる．

このように定圧熱容量 C_P を用いてエントロピー変化 ΔS を計算することができる．

(2) 相転移で生じるエントロピー変化

物質が固体から液体へ，あるいは液体から気体へと変化する際にエントロピーは増大する．これらの変化に伴って乱雑さが増すこと，すなわちエントロピーが増大することは，直感的に理解できるだろう．

さて，こうした相転移が起こるときには熱が必要になる．それらの熱は融解熱や蒸発熱と呼ばれる．融解熱や蒸発熱は熱だから，エンタルピー変化に等しい．いま，このエンタルピー変化をとくに ΔH_T と書くことにすると，相転移で生じるエントロピー変化 ΔS_T は，式 (4.26) と，上で述べた関係 $q = \Delta H_\mathrm{T}$ より

$$\Delta S_\mathrm{T} = \frac{\Delta H_\mathrm{T}}{T} \tag{4.32}$$

と書ける．

(3) 温度上昇と相転移の二つの過程を含む場合のエントロピー変化

上の (1) と (2) で述べた二つの過程を含む場合，すなわち系が加熱されて温度が上昇し，相転移が起こった場合に生じるエントロピー変化を考えよう．具体的には，たとえば $-25\,^\circ\mathrm{C}$ の氷を加熱して $50\,^\circ\mathrm{C}$ の水にするような場合である．

このときに生じるエントロピー変化を求めるには全体を次の三つの過程

① $-25\,^\circ\mathrm{C}$ の氷が $0\,^\circ\mathrm{C}$ の氷になる過程

② $0\,^\circ\mathrm{C}$ の氷が $0\,^\circ\mathrm{C}$ の水になる過程

③ $0\,^\circ\mathrm{C}$ の水が $50\,^\circ\mathrm{C}$ の水になる過程

に分け，それぞれの過程について式 (4.31) または (4.32) を用いてエントロピー変化を計算し，最後にそれらの和をとればよい．

4.3 自由エネルギー

前節で，エントロピーという概念が系の変化の方向に関係することを学んだ．このエントロピーを基礎にして，自由エネルギーという概念が

導かれ，これを用いて化学反応の進む方向が議論される．すなわち自由エネルギーによって平衡定数が表されることになる．つまり化学平衡論において最も重要なエネルギーが，この自由エネルギーということになる．

本節ではヘルムホルツ自由エネルギーとギブズ自由エネルギーという2種類の自由エネルギーを導出するが，それに先立ち，まずクラウジウスの不等式を導くことになる．

4.3.1 系と宇宙のエントロピー変化とクラウジウスの不等式
（1）系と宇宙のエントロピー変化

いま宇宙全体を孤立系と見なして考える．自発変化はエントロピーが増大する方向に起こり，したがって宇宙で起こるあらゆる変化に対して次式が成り立つ．ここで $\Delta S_{宇宙}$ は宇宙のエントロピー変化である．

$$\Delta S_{宇宙} \geq 0 \tag{4.33}$$

次に，宇宙内のある系について考える．この系は閉鎖系で，宇宙は図4.4に示すように，この注目すべき系と周囲からなると見なす．系のエントロピー変化を $\Delta S_{系}$，周囲のエントロピー変化を $\Delta S_{周囲}$ とすると

$$\Delta S_{宇宙} = \Delta S_{系} + \Delta S_{周囲} \geq 0 \tag{4.34}$$

が成り立つ．

ところで式（4.33）によって，宇宙で起こるあらゆる変化はエントロピーが増大する方向，すなわち乱雑さが増す方向に進むと述べたが，それならば，次の疑問にどう答えればよいのだろうか．

> 生命の誕生や生物の進化は，エントロピーが減少する方向の変化ではないのか？ 組織が構築されていくとは，エントロピーが減少する方向の変化ではないのか？

すなわち，エントロピーが減少する方向に起きているこれらの変化を，式（4.33）はどう説明するのだろうか．

実は，ここで式（4.34）が重要になる．ある系の変化を考えたとき，その系のエントロピー変化 $\Delta S_{系}$ は負になりうるのである．つまりエントロピーが減少する方向の変化は起こりうる．ただし，その減少ぶんを周囲のエントロピー変化 $\Delta S_{周囲}$ が補償して $\Delta S_{宇宙} \geq 0$ となり，系として宇宙全体を考えたときには，エントロピーが減少する変化は起こりえないことになる[†]．"孤立系全体のエントロピーが増大する方向に変化は

孤立系と閉鎖系
物質とエネルギーの出入りのない系を孤立系，エネルギーは出入りするが，物質は出入りしないという系を閉鎖系といった．

[†] この周囲のエントロピー変化 $\Delta S_{周囲}$ というのは，周囲がする仕事に対応する．

宇宙
⇨ 孤立系
周囲
系

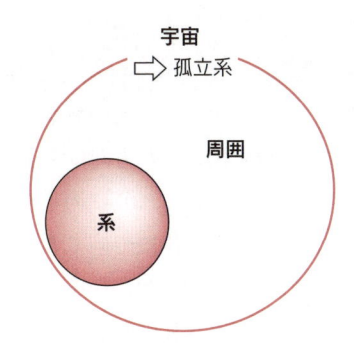

図 4.4　宇宙のエントロピー変化

起こる"という式（4.33）は常に成立しているのである.

(2) クラウジウスの不等式

上で述べた"宇宙のエントロピー"とは，いささか大きな話だったと思うが，重要な点はこの考え方に基づくと，より小さな系におけるある変化が起こりうるものかどうかを判断できる式が導かれるという点にある．これがクラウジウスの不等式と呼ばれるもので，以下，この式を導いていこう．

まず微小変化に対して，式（4.34）は次のように書ける．

$$dS_\text{系} + dS_\text{周囲} \geq 0 \tag{4.35}$$

ここで周囲に加えられる熱 $dq_\text{周囲}$ と周囲の絶対温度 $T_\text{周囲}$ を使えば，周囲のエントロピー変化 $dS_\text{周囲}$ は次のように書ける.

$$dS_\text{周囲} = \frac{dq_\text{周囲}}{T_\text{周囲}} \tag{4.36}$$

周囲に加えられる熱 $dq_\text{周囲}$ は，系から出ていく熱 $-dq_\text{系}$ に等しいので

$$dq_\text{周囲} = -dq_\text{系} \tag{4.37}$$

また周囲と系は熱平衡にあるとして，系の絶対温度を $T_\text{系}$ とすると

$$T_\text{周囲} = T_\text{系} \tag{4.38}$$

が成り立つ．よって式（4.36）〜（4.38）を用いて式（4.35）を書き換えると

$$dS_系 - \frac{dq_系}{T_系} \geq 0 \tag{4.39}$$

が得られる．これが**クラウジウスの不等式**である．

この式の重要な点は，自発変化の進む方向は宇宙のエントロピーが増大する方向であるという大原則（式4.33）にのっとっていながら，その変化の方向を考える場合には宇宙全体について考える必要はなく，注目するある系について考えるだけでよいという点である．

なお式（4.35）と（4.39）を比べればわかるように

$$dS_{周囲} = -\frac{dq_系}{T_系} \tag{4.40}$$

である．

等号と不等号
以上見てきたさまざまな式において，等号は可逆過程，不等号は不可逆過程についての関係式であることをよく記憶しておくこと．

4.3.2 ヘルムホルツ自由エネルギーとギブズ自由エネルギー

この項では自由エネルギーについて述べる．これは化学反応の進む方向を表す，熱力学における最も重要な概念で，クラウジウスの不等式を出発点として導かれる．

自由エネルギーには2種類あり，定容条件で導かれるヘルムホルツ自由エネルギーと，定圧条件で導かれるギブズ自由エネルギーとがある[†]．以下で，それぞれについて見ていこう．

[†] 追ってあらためて述べられるが，ともに，さらに温度一定という条件が加わる．

(1) ヘルムホルツ自由エネルギー

まず確認であるが，変化はクラウジウスの不等式を満たすように起こる．いま温度一定で，かつ**定容条件**のもとで変化が起こるとすると，式（4.21）の微小変化の場合を考えて

$$dq = dU \tag{4.41}$$

が成り立つ．このときクラウジウスの不等式（4.39）は次のように書ける．

$$dS - \frac{dU}{T} \geq 0 \tag{4.42}$$

変形して

$$dU - T\,dS \leq 0 \tag{4.43}$$

を得る．

さて，ここで次のように**ヘルムホルツ自由エネルギー** A を定義する．

$$A \equiv U - TS \tag{4.44}$$

これを微分することによって次式が得られる．

$$\begin{aligned}dA &= dU - T\,dS - S\,dT \\ &= dU - T\,dS\end{aligned} \tag{4.45}$$

ここで，温度一定の条件から

$$S\,dT = 0 \tag{4.46}$$

を用いた．最終的に式（4.45）を（4.43）に代入して

$$dA \leq 0 \tag{4.47}$$

が得られる．これが自発変化の基準，すなわち温度一定の定容条件のもとで，系が自然に変化する場合の条件式である．

要するに，ここで新たに導入された A を用いれば，このただ一つのパラメーターを使って，ある変化が起こるかどうかを判断できるということになる．

(2) ギブズ自由エネルギー

今度は上の (1) と同様に温度一定であるが，しかし**定圧条件**のもとで変化が起こる場合を考える．まず式 (4.20) の微小変化の場合を考えて

$$dq = dH \tag{4.48}$$

よってクラウジウスの不等式 (4.39) は

$$dS - \frac{dH}{T} \geq 0 \tag{4.49}$$

となる．これを変形して

$$dH - T\,dS \leq 0 \tag{4.50}$$

を得る．

さて，ここで次のように**ギブズ自由エネルギー** G を定義する．

$$G \equiv H - TS \tag{4.51}$$

これを微分すると次式が得られる．

$$dG = dH - T\,dS \tag{4.52}$$

ここで式 (4.45) と同様に，温度一定の条件から

$$S\,dT = 0 \tag{4.53}$$

を用いた．最後に，式 (4.52) を (4.50) に代入して

$$dG \leq 0 \tag{4.54}$$

を得る．これが自発変化の基準，すなわち温度一定の定圧条件のもとで，系が自然に変化する場合の条件式である．

(3) 二つの自由エネルギー

ここで，これまでの議論をまとめると次の表のようになる．

ヘルムホルツ自由エネルギー	$A = U - TS$	（定容条件）
ギブズ自由エネルギー	$G = H - TS$	（定圧条件）

化学反応は定圧条件のもとで行われることが多いため，ギブズ自由エネルギーのほうが頻繁に用いられる．今後，ギブズ自由エネルギーが使われている場合は何の断りがなくても，即座に定圧条件のもとでの議論であると理解してほしい．

式 (4.47) と (4.54) の内容をくり返せば，化学反応は自由エネルギーが減少する方向に自発的に進む，ということになる．逆にいえば，自由エネルギーは化学反応が進むか否かの判断基準となる．

4.3.3 自由エネルギー変化の計算

標準状態（1 atm）において，ある化合物 1 mol をその成分元素から生成するときのギブズ自由エネルギーの変化を**標準生成ギブズ自由エネルギー** ΔG_f° という．たとえば $H_2O(g)$ の標準生成ギブズ自由エネルギーは，反応

$$H_2 + \frac{1}{2}O_2 \longrightarrow H_2O(g) \tag{4.55}$$

におけるギブズ自由エネルギーの変化で，その値は $-228.6\,\text{kJ mol}^{-1}$ である．

ΔG_f° の値は表 4.2 に示すように，いろいろな化合物について知られている．このほか，単体である H_2 や O_2 では ΔG_f° はゼロにとられる．これらを適当に組み合わせることにより，任意の反応における自由エネル

表 4.2　298.15 K における標準生成ギブズ自由エネルギー ΔG_f°

		ΔG_f°/kJ mol^{-1}		ΔG_f°/kJ mol^{-1}
固体	NaCl	-384.0	Al_2O_3	-1582.4
	NH_4Cl	-203.0	C(ダイヤモンド)	$+2.9$
	KCl	-408.3	$SiO_2(c)$	-856.7
	KOH	-374.5	FeS	-100.4
	CaO	-604.2	FeS_2	-166.9
	$CaCO_3$	-1128.8	AgCl	-109.8
液体	H_2O	-237.2	CS_2	$+65.3$
	H_2O_2	-105.6	C_6H_6	$+124.3$
	CH_3OH	-166.4	$H_2SO_4(aq)$	-744.6
	CH_3CH_2OH	-174.1	HCl(aq)	-131.3
	HNO_3	-80.8		
気体	NH_3	-16.5	C_2H_4	$+68.1$
	NO	$+86.6$	C_2H_6	-32.9
	NO_2	$+51.3$	C_4H_{10}	-17.2
	O_3	$+163.2$	HCN	$+124.7$
	CO	-137.2	HCl	-95.3
	CO_2	-394.4	HBr	-53.4
	N_2O_4	$+97.8$	H_2S	-33.6
	CH_4	-50.8	N_3H	$+328.0$
	C_2H_2	$+209.2$		

ギーの変化を求めることができる．

　たとえば反応

$$NO_2 + CO \longrightarrow NO + CO_2 \tag{4.56}$$

における自由エネルギー変化は，表 4.2 より NO, CO_2, NO_2, CO の ΔG_f° が順に 86.6, -394.4, 51.3, -137.2 kJ mol^{-1} だから

$$86.6 + (-394.4) - \{51.3 + (-137.2)\} = -221.9 \text{ kJ mol}^{-1}$$

と求まる．また反応

$$SiO_2(c) + 2H_2 \longrightarrow Si(c) + 2H_2O(l) \tag{4.57}$$

における自由エネルギー変化は，同様に表 4.2 のデータを使って

$$0 + 2 \times (-237.2) - (-856.7 + 2 \times 0) = 382.3 \text{ kJ mol}^{-1}$$

となる．

4.4 平衡定数

4.4.1 平衡定数とギブズ自由エネルギー

いま，化学反応

$$A \rightleftharpoons B \tag{4.58}$$

を考える．この反応の**平衡定数** K は，[A] および [B] を A と B の濃度として，次式で定義される．

$$K \equiv \frac{[B]}{[A]} \tag{4.59}$$

また A と B の圧力を P_A および P_B で表すとき，次式で与えられる K_P を圧力表示の平衡定数という．

$$K_P \equiv \frac{P_B}{P_A} \tag{4.60}$$

以上が平衡定数の定義であるが，では，その意味するところは何だろうか．

大切な点は，平衡定数とは，反応がどこに向かって進むのかを表すものであるということである．平衡定数が 100 ならば，B が A に対して 100 倍の濃度（または圧力）となったところで反応が見かけ上進行しなくなり，平衡に到達する．この場合，大部分の A は B に転換したといえる．一方，平衡定数が 0.01 ならば，B が A に対して 1/100 の濃度（または圧力）となったところで見かけ上反応が止まる．すなわち A がほとんど反応しないうちに平衡になる．すべての反応は平衡に向かって進むので，平衡定数がわかれば，原理的に反応が進みうるか否かが判別できることになる．

平衡定数は，どんな反応についても机上で計算することができる．そして，実験結果は確かに計算通りになる．こうした化学平衡論は，化学反応の理論のなかで最も完成された理論であり，いわば反応がどこに向かって進むかを議論するものなのである．

さて次式のように，平衡定数 K_P は自由エネルギーがわかると簡単に求められる[†]．

$$K_P = \exp\left(-\frac{\Delta G}{RT}\right) \tag{4.61}$$

[†] 式 (4.61) は反応において，自由エネルギーの総和が最低になるところが平衡であるとして導出される．くわしくは物理化学の教科書を参照してほしい．

ここで ΔG は反応のギブズ自由エネルギー変化，R は気体定数，T は絶対温度である．ギブズ自由エネルギーはこのように，平衡定数の決定において大きな意味をもつ．

ところで，ここで注意すべきは ΔG が温度によって変化するということである．したがって K_P の温度依存性を考えるためには，まず ΔG の温度依存性について知る必要がある．これらについては 4.4.3 項で学ぶ．

4.4.2 いろいろな平衡定数

ここでいったん，さまざまな平衡定数についてまとめておく．平衡定数には次のような種類がある．

① 圧力表示の平衡定数 K_P：これまでに説明してきた平衡定数．理想気体に対して用いられ，全圧が変わっても変化しない．
② モル分率表示の平衡定数 K_X：化学反応において反応物がどれだけ生成物に変化するかを知るうえで重要な平衡定数．理想気体に対して用いられ，全圧に依存する．
③ フガシティー表示の平衡定数 K_f：実在気体に対して用いられる．高圧実験の場合に重要な平衡定数．
④ 濃度や活量表示†の平衡定数 K_a：溶液に対して用いられる．

これらの平衡定数が，それぞれ対象や目的によって使い分けられる．

4.4.3 平衡定数の温度依存性

ここで話を戻し，平衡定数の温度依存性を考えることにしよう．

ここでよりどころとなるのは式（4.61）であるが，まずは 4.4.1 項の最後で述べたように，ΔG の温度依存性を考える．これは次の**ギブズ・ヘルムホルツの式**で与えられる．

$$\left(\frac{\partial(\Delta G/T)}{\partial T}\right)_P = -\frac{\Delta H}{T^2} \tag{4.62}$$

いま式（4.61）を

$$\ln K_P = -\frac{\Delta G}{RT} \tag{4.63}$$

と書き直して両辺を T で微分し，右辺に式（4.62）を代入すると

ギブズ自由エネルギー
ギブズ自由エネルギー G は，自発変化の指標となるエネルギーである．ΔG は反応に伴う，その変化であり，A と B のギブズ自由エネルギーの差である．これは A と B のポテンシャルエネルギーの差といってもよい．

フガシティー
フガシティーとは補正した圧力のこと．圧力が高くなると，自由エネルギーと圧力との関係に補正が必要になる．

† 活量は高濃度領域において濃度の代わりに用いられる．本質的には活量を使って K_a を表し，低濃度では活量が濃度に等しいと考える．

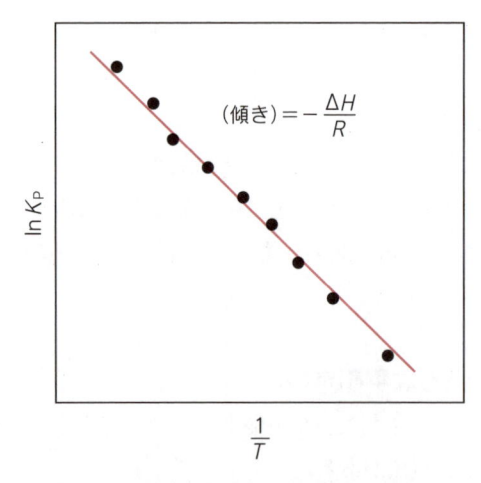

図 4.5 平衡定数の測定から反応熱を求める

$$\frac{d(\ln K_P)}{dT} = \frac{\Delta H}{RT^2} \tag{4.64}$$

を得る．これが平衡定数 K_P の温度依存性を表す式で，**ファント・ホッフの式**と呼ばれる．

式 (4.64) の関係は以下のことを表している．すなわち

> ΔH が負，つまり発熱反応のときは，温度が上昇すると K_P が減少する．
> ΔH が正，つまり吸熱反応のときは，温度が上昇すると K_P が増大する．

これは高校でも学んだ**ル・シャトリエの原理**によく対応している．これから，たとえば K_P を大きくするには温度をどう変化させればよいのかがわかる．

また式 (4.64) を変形して[†]

$$\frac{d(\ln K_P)}{d(1/T)} = -\frac{\Delta H}{R} \tag{4.65}$$

が得られる．したがって各温度における平衡定数 K_P を測定し，図 4.5 のようにプロットすれば，この直線の傾きから反応熱 ΔH が求まることになる．

ル・シャトリエの原理
平衡にある系の温度，濃度，圧力などを変化させると，その変化によって生じる影響をなるべく小さくする方向に平衡の移動が起こる．これを**ル・シャトリエの原理**という．

[†] 変形には次の関係を用いる．
$$\frac{d}{dT}\left(\frac{1}{T}\right) = -\frac{1}{T^2}$$
より
$$\frac{dT}{T^2} = -d\left(\frac{1}{T}\right)$$

4.4.4　平衡定数の圧力依存性

さて 4.4.2 項で述べたように，圧力表示の平衡定数 K_P は全圧に依存

しないが，モル分率表示の平衡定数 K_X は全圧に依存する．ここで K_P と K_X の関係を，次のアンモニア合成反応

$$N_2 + 3H_2 \rightleftharpoons 2NH_3 \tag{4.66}$$

を例に考えていこう．

いま，平衡定数は次のように表される．

$$K_P = \frac{P_{NH_3}^2}{P_{N_2} P_{H_2}^3} \tag{4.67}$$

$$K_X = \frac{X_{NH_3}^2}{X_{N_2} X_{H_2}^3} \tag{4.68}$$

ここで P_i は成分 i の分圧，X_i は成分 i のモル分率で，全圧を P として

$$X_i = \frac{P_i}{P} \tag{4.69}$$

で与えられる．よって式 (4.68) は

$$K_X = \frac{(P_{NH_3}/P)^2}{(P_{N_2}/P)(P_{H_2}/P)^3}$$

$$= \frac{P_{NH_3}^2}{P_{N_2} P_{H_2}^3} P^2 \tag{4.70}$$

式 (4.67) を代入すれば

$$K_X = K_P P^2 \tag{4.71}$$

となる．K_P は全圧 P に依存しないので，この式より，P が大きくなると K_X も大きくなることがわかる．工業的にアンモニア合成が高圧条件のもとで行われているのは，このためである．

一般には，反応

$$aA + bB \rightleftharpoons cC + dD \tag{4.72}$$

に対して

$$K_X = K_P P^{\Delta\nu} \tag{4.73}$$

$$\Delta\nu = (a + b) - (c + d) \tag{4.74}$$

となる．これもル・シャトリエの原理に対応している．

章末問題

4.1 図 4.6 は一定の圧力 P のもとで，閉鎖系 A に熱 q_P と仕事 w が与えられ，閉鎖系 B に変化する様子を示す．U_A と U_B はそれぞれ A と B の内部エネルギー，また V_A と V_B はそれぞれ A と B の体積である．

(a) U_A, U_B, q_P, w の間の関係を式で表せ．
(b) q_P, U_A, U_B, V_A, V_B, P の間の関係を式で表せ．

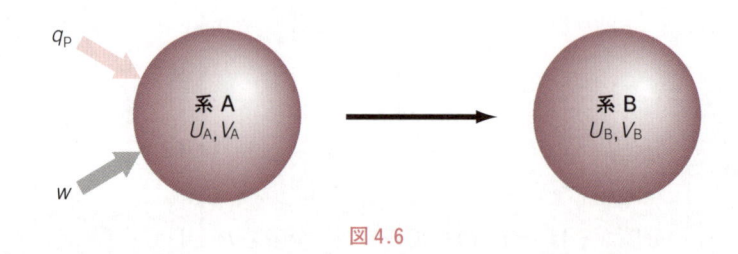

図 4.6

(c) エンタルピーの定義を用いて，系 B のエンタルピー H_B と系 A のエンタルピー H_A の差が q_P に等しいことを示せ．
(d) この変化を化学反応とする．$H_A > H_B$ のときは発熱反応か，吸熱反応か．その理由も示せ．
(e) 一定体積での化学反応を考えるとき，反応熱はどのように表されるか．U_A, U_B, V_A, V_B, P から必要なものを使って表せ．

4.2 水性ガスシフト反応

$$CO + H_2O \longrightarrow H_2 + CO_2$$

について次の問いに答えよ．ただし全圧 1 atm で，一酸化炭素 CO と水 H_2O のモル比は 1:1 とする．また熱力学的データについては表 4.3 を適宜用いること．

(a) $H_2O(g)$ の標準生成エンタルピー ΔH_f° とは何か．簡単に説明せよ．
(b) 298.15 K における反応熱を求めよ．また，この反応が発熱であるか吸熱であるかを記せ．
(c) 298.15 K における反応のギブズ自由エネルギー変化を計算せよ．
(d) 298.15 K における圧力表示の平衡定数 K_P はどのような形で表されるか．(c) の結果も使って答えよ．
(e) この反応は高温が有利か，低温が有利か．その理由も述べよ．

表 4.3　298.15 K における熱力学的データ

	ΔH_f°/kJ mol^{-1}	ΔG_f°/kJ mol^{-1}
$H_2O(g)$	-241.8	-228.6
$CO(g)$	-110.5	-137.2
$H_2(g)$	0	0
$CO_2(g)$	-393.5	-394.4
$CH_4(g)$	-74.7	-50.8

4.3 固体から液体へ，または液体から気体へ変化する際に，エントロピーはどのように変化するか．

第5章　化学反応の速度

　化学反応の理論では，前章で述べた化学平衡論と，本章で述べる反応速度論が大きな二つの柱となる．化学平衡論は反応が進む向きについての理論であり，反応速度論は反応が進む速度についての理論である．

　反応速度論では，反応速度を決める本質的な要因を論じる．具体的には反応速度を予測したり，反応速度を測定し，解析したりする．また反応機構を解明するということも，反応速度の問題と深くかかわっている．

　反応速度を予測することや，反応速度を温度，圧力，濃度および触媒などによって制御することは化学工業のみならず，非常に多くの分野で重要である．ここに反応速度論の意義がある．

5.1　化学平衡論と反応速度論

　前章で述べた化学平衡論と，これから本章で述べる反応速度論を比較すると，化学平衡論は熱力学に基づく完成度の高い理論であり，反応式から平衡の位置を計算によって容易に求めることができるが，反応速度論は反応式から反応速度を予測することができない．たとえば触媒を使うと反応速度が大きくなるが，触媒の種類によっても反応速度は変わるので，反応速度を予測することがたいへん困難になる．

　このように反応速度論は複雑であるが，その具体的な内容は，反応速度式や速度定数を解析することである．ごく簡単な反応を除いて，反応速度を理論的に予測することは困難なので，実験的に反応速度式や速度定数を求めて，その解析を通して反応速度の本質を探っていくことになる．

反応速度論の理論としての究極の目標は
① 反応速度を原子・分子の性質から計算によって求めること．
② 反応機構を明らかにすること．
の二点であり，現在も多くの研究が行われている．

> **反応速度論**
> 反応速度論の理論としては衝突論，活性錯合体理論の二つがある．

さて反応速度を議論するうえで重要な点は，化学反応はいくつもの**素過程**を通って進行するということである．反応物と生成物が同じでも，反応の道筋が異なることはよくある．この反応の道筋，すなわち**反応機構**の違いは化学平衡論では問題にならず，平衡の位置（つまり平衡定数）は変わらない．しかし一方，反応速度論ではこれは問題となり，反応速度は反応機構によって異なる[†]．以上をまとめれば，次のようになる．

[†] 反応機構については 5.4.1 項でくわしく述べる．また，あわせて素過程についても述べられる．

> 化学平衡論は反応機構によらず，平衡定数の予測と解析が重要．一方，反応速度論は反応機構に依存し，速度定数の予測と解析が重要．

5.2 反応速度

化学反応は，反応物や生成物の濃度が変化する現象であるから，**反応速度**はこれらの濃度の時間微分を用いて表せばよいだろう．図 5.1 は，反応

$$A \longrightarrow B \tag{5.1}$$

について，反応時間に対する反応物 A と生成物 B の濃度変化を示したものである．

上で述べた考察から反応速度は，図中に赤で示したこれらの曲線の傾

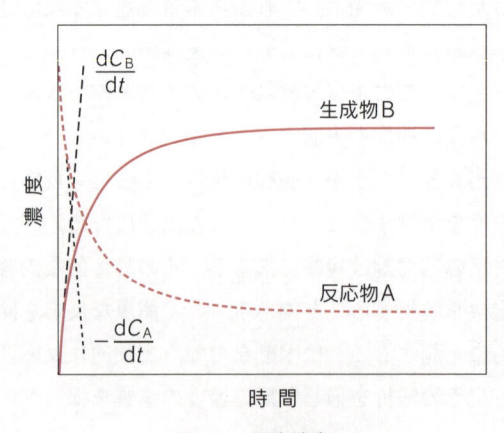

図 5.1 反応速度

きに等しい．すなわち A と B の濃度をそれぞれ C_A および C_B とすると[†]，反応速度はそれぞれ $-dC_A/dt$ および dC_B/dt のように濃度の時間微分となる．ここで，反応物 A の濃度は時間とともに減少するので dC_A/dt の値は負になるが，通常はこれにマイナスを付けて，反応速度の値を正になるようにする．

[†] 平衡定数について議論した 4.4.1 項では濃度を [ ] で表したが，本節と次節では C を用いて表す．読者はどちらの表示についても慣れてほしい．

さて図から明らかなように反応速度，つまり曲線の傾きは反応時間とともに変化する．したがって考えているのが，どの時点での反応速度なのかに注意しなければならない．とくに立上がりの時点での速度は初期速度または初速度と呼ばれる．なお反応速度の単位としては $\mathrm{mol\,L^{-1}\,s^{-1}}$, $\mathrm{mol\,L^{-1}\,min^{-1}}$, $\mathrm{molecules\,L^{-1}\,s^{-1}}$ などがあり，これらが場合に応じて使い分けられる．

ところで，ここで注意すべきは必ずしも

$$-\frac{dC_A}{dt} = \frac{dC_B}{dt} \tag{5.2}$$

とならないことである．すなわち反応物の減少と生成物の増加が，必ずしも同じ速度で起こらないということである．

たとえばアンモニア合成反応

$$\mathrm{N_2 + 3H_2 \rightleftharpoons 2NH_3} \tag{5.3}$$

の場合，上の反応式からわかるように，1 mol の $\mathrm{N_2}$ が反応すると 2 mol の $\mathrm{NH_3}$ が生成する．したがって $\mathrm{N_2}$ を基準とした反応速度と $\mathrm{NH_3}$ を基準とした反応速度は異なることになる．これを補正するには次式に示すように，それぞれの反応速度に反応式の係数の逆数を掛ければよい．

$$-\frac{dC_{\mathrm{N_2}}}{dt} = -\frac{1}{3}\frac{dC_{\mathrm{H_2}}}{dt} = \frac{1}{2}\frac{dC_{\mathrm{NH_3}}}{dt} \tag{5.4}$$

また，逆反応を考慮しなければいけない場合もある．A から B を生成する反応[†2]

$$\mathrm{A \longrightarrow B} \tag{5.5}$$

において，これと同時に，B が生成するにつれて逆反応

$$\mathrm{B \longrightarrow A} \tag{5.6}$$

の起こる場合がよくある．いま，反応式の両辺を結ぶ矢印の長さを反応速度の大きさに対応させて，A から B の生成する反応速度 r_1 の反応を

[†2] 反応 (5.6) を逆反応と呼ぶことに対応して，この反応 (5.5) をとくに正反応と呼ぶことがある．

$$A \longrightarrow B \tag{5.7}$$

と表し，一方，これと同時に起こる反応速度 r_{-1} の逆反応を

$$A \longleftarrow B \tag{5.8}$$

と書くことにする．このとき，見かけの反応速度 r で起こる反応は

$$A \longrightarrow B \tag{5.9}$$

と表されて，このとき r は

$$r = r_1 - r_{-1} \tag{5.10}$$

となる．単に"反応速度"といった場合でも，見かけの反応速度を意味していることがあるので注意が必要である．いま考えているのが正味の反応速度か，見かけの反応速度か，混乱しないように気をつけなければならない．なおもちろん，逆反応の速度が無視できる場合には

$$r = r_1 \tag{5.11}$$

となる．

さて反応が進行していくと，系はやがて平衡に到達する．このとき反応 (5.5) と (5.6) が同時に起きていて両方の反応速度は等しく，見かけ上は反応が止まっている．すなわち

$$r_1 = r_{-1} \tag{5.12}$$

となっている．これを動的平衡と呼ぶ．図 5.1 では十分時間が経過して，反応物 A と生成物 B の濃度変化がなくなった状態に対応する．このとき赤色で示した 2 本の曲線は平坦になる．

5.3 反応速度式と速度定数

反応速度論では反応速度を反応速度式と速度定数を使って議論する．この節では反応速度式と速度定数の物理的な意味を理解してほしい．

5.3.1 反応速度式

いま反応

$$A + B \longrightarrow C \tag{5.13}$$

を考える．このとき，反応速度式は一般に次の形で表される．

$$r = k C_A^x C_B^y \tag{5.14}$$

ここで r は反応速度，k は速度定数，x と y は反応次数と呼ばれ，C_A と C_B は A および B の濃度である．反応速度式はその大部分が実験によって決定されるものであり，理論的に導くことは困難である．速度定数と反応次数もまた実験的に測定される．

さて，反応はまず分子どうしが衝突することから始まるので，反応速度は衝突数に依存することになる．衝突は分子の数が多いほど，すなわち濃度が高いほど頻繁に起こると考えられるから，反応速度は濃度に依存することがわかる．一般に濃度が増大すると反応速度も大きくなる

ひとこと　　　　　　　　　**活性錯合体理論**

図1に，反応の際のエネルギー変化を示した．ここで赤色で示した曲線のピーク近辺を遷移状態と呼ぶ．また，このときできる短寿命の，いままさに反応しようという状態のものを活性錯合体という．活性錯合体理論は，反応物 A と活性錯合体 $X^\ddagger$ が平衡にあり，$X^\ddagger$ が生成物 B へ分解する速度を反応速度であるとする理論である．すなわち考える反応は

$$A \rightleftharpoons X^\ddagger \longrightarrow B$$

で

$$K^\ddagger = \frac{C_{X^\ddagger}}{C_A}$$

反応速度 r は

$$r = k^\ddagger C_{X^\ddagger}$$

となる．活性錯合体理論では，理論的に $K^\ddagger$ と $k^\ddagger$ を計算して反応速度を予測する．

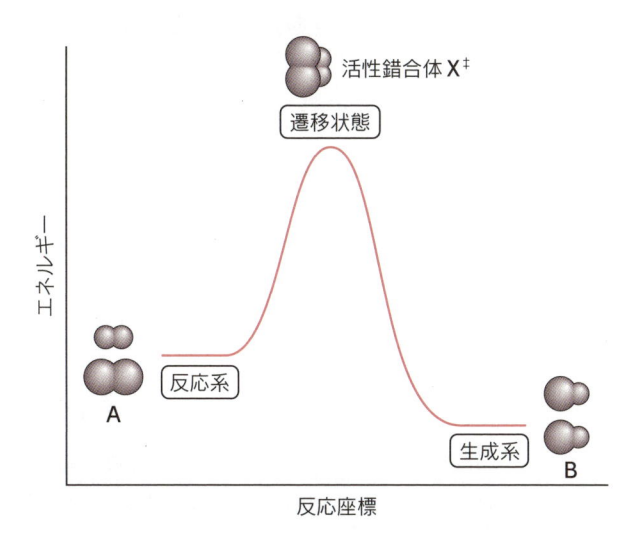

図1　**遷移状態と活性錯合体**

が，反対に反応速度が小さくなる場合もある．このような場合，反応次数は負になる．

ところで反応次数が1の場合を一次反応と呼ぶ．次に示す N_2O_5 の分解反応は代表的な一次反応である．

$$N_2O_5 \longrightarrow 2\,NO_2 + \frac{1}{2}O_2 \tag{5.15}$$

この反応の反応速度式は次のように表される．

$$r = k\,C_{N_2O_5} \tag{5.16}$$

ここで $C_{N_2O_5}$ は N_2O_5 の濃度である．N_2O_5 分子がそれぞれ熱的に分解していくので（すなわち単分子反応なので），その速度は N_2O_5 の濃度に比例する．

ところが同じ分解反応でも，HI の分解反応は二次反応である．

$$2HI \longrightarrow H_2 + I_2 \tag{5.17}$$

この場合は HI どうしが衝突し，後述する活性錯合体を経て，H_2 と I_2 が生成するからである．

このように反応次数は反応機構によって決まる．

5.3.2 速度定数

さて反応性は速度定数で表現される．よく耳にする〝反応性が高い〟ということは，速度定数が大きいということである．すなわち，反応速度式

$$r = kC \tag{5.18}$$

において，濃度 C が小さくても反応速度 r が大きいということが〝反応性が高い〟ということを意味し，これは速度定数 k が大きい場合に該当する．

また反応速度は温度にも依存する．温度が変化すると速度定数が変化するからである．

このように速度定数 k が，反応速度論のなかで中心的な位置を占める．速度定数 k を予測することが反応速度論であるといっても過言ではない．このための理論としては衝突論や活性錯合体理論がある．

さて，速度定数 k を求める方法には微分法，積分法，半減期法などがある．以下では例として，積分法と半減期法による速度定数の求め方を

見ていこう．

はじめに積分法について考える．まず，反応速度式を仮定する．ここでは反応

$$\text{A} \longrightarrow \text{B} \tag{5.19}$$

で，反応速度はAの濃度C_Aに1次であると仮定する．すなわち速度定数をkとすれば，以下が成り立つ．

$$r = -\frac{dC_\text{A}}{dt} = kC_\text{A} \tag{5.20}$$

これを積分すると

$$\int \frac{-dC_\text{A}}{C_\text{A}} = \int k\,dt \tag{5.21}$$

ここでAの初濃度を$C_{\text{A}0}$として積分を実行すれば

$$\ln\frac{C_{\text{A}0}}{C_\text{A}} = kt \tag{5.22}$$

が得られる．この式から，実験によって図5.2に示すようにtに対して$\ln(C_{\text{A}0}/C_\text{A})$をプロットし，直線が得られれば仮定した反応速度式が正しいことになり，直線の傾きから速度定数kが求まる．以上が積分法による方法である．

次に半減期法による方法である．ところで半減期$t_{1/2}$とは一般に反応物の濃度が初濃度の半分，すなわち$C_{\text{A}0}/2$になるまでの時間だから，上

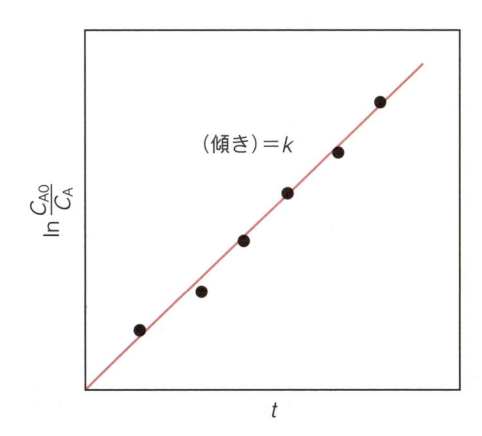

図5.2　速度定数の求め方

の式 (5.22) を用いれば

$$\ln\frac{C_{A0}}{C_{A0}/2} = k\,t_{1/2} \tag{5.23}$$

となる．よって

$$k = \frac{1}{t_{1/2}}\ln 2 \tag{5.24}$$

となって，速度定数 k が求まる．

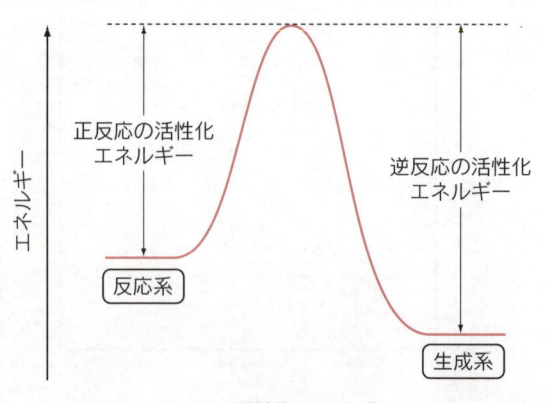

5.3.3 活性化エネルギーと頻度因子

前項で少し触れたように，反応温度を変化させると反応速度が変化するのは，速度定数が変化するからである．絶対温度 T と速度定数 k の関係は次式で表される．

$$k = A\exp\left(-\frac{E}{RT}\right) \tag{5.25}$$

これを**アレニウスの式**と呼ぶ．ここで A は**頻度因子**または**前指数因子**と呼ばれ，E は**活性化エネルギー**，R は気体定数である．

ここで活性化エネルギー E とは反応するために必要なエネルギーで，それ以上のエネルギーを分子がもっていなければ反応は起こらないという，しきい値である．反応の際のエネルギー変化と活性化エネルギーの関係を図 5.3 に示す．すなわち赤色で示された曲線のピークを越えるエネルギーをもたなければ反応は起こらない．また，このピークにあって，いままさに反応しようという状態のものを**活性錯合体**と呼ぶ．たとえば

反応熱
図 5.3 において，逆反応の活性化エネルギーと正反応の活性化エネルギーの差が反応熱 $-\Delta H$ になる．

図 5.3 活性化エネルギー

反応

$$2\text{HI} \longrightarrow \text{H}_2 + \text{I}_2 \tag{5.26}$$

では，図 5.4 のような活性錯合体が考えられている．

ところで，この活性化エネルギー E を求めるにはどのようにしたらよいだろうか．それにはまず式 (5.25) の対数をとり，次式のように変形する．

$$\ln k = -\frac{E}{R}\frac{1}{T} + \ln A \tag{5.27}$$

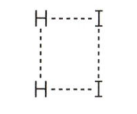

図 5.4　活性錯合体の例

ここで図 5.5 のように $\ln k$ を $1/T$ に対してプロットすれば（これを**アレニウスプロット**と呼ぶ），式 (5.27) の関係と得られた直線の傾きから活性化エネルギー E が求まる．

さてここで，アレニウスの式 (5.25) の意味について考察しよう．すでに 3.3.4 (1) 項でも述べたように，ある温度における分子の並進の運動エネルギーは，図 5.6 のようなマクスウェル・ボルツマン分布に従う．このように，分子の運動エネルギーには分布がある．

ところで反応速度とは〝活性化エネルギー E 以上のエネルギーで分子どうしが衝突する頻度〟と考えられる．図 5.6 に示すように，E 以上のエネルギーをもつ分子の割合は $\exp(-E/RT)$ で表される[†]．したがって $E = 0$ ならば $\exp(-E/RT) = 1$ となり，すべての分子が反応する．一方，E が大きくなると $\exp(-E/RT)$ は 0 に向かって減少する．また温度 T が上昇したときには分布の曲線は右側にシフトするから，E 以上

アレニウスプロット
実際には $\ln k$ ではなく $\log k$ をプロットしたほうが便利である．また濃度一定の条件では $\ln k$ の代わりに $\ln r$ を $1/T$ に対してプロットしてもよい．

[†] $\exp(-E/RT)$ は無次元数で，確率を表す．

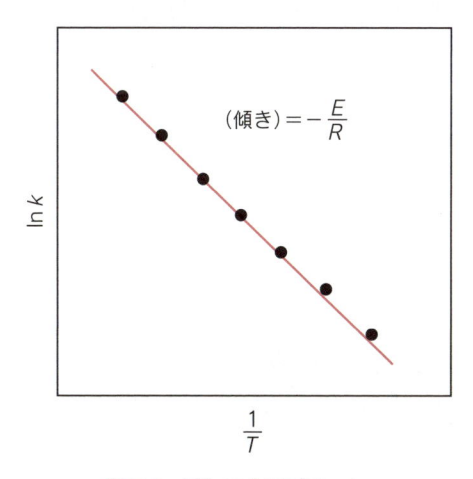

図 5.5　アレニウスプロット

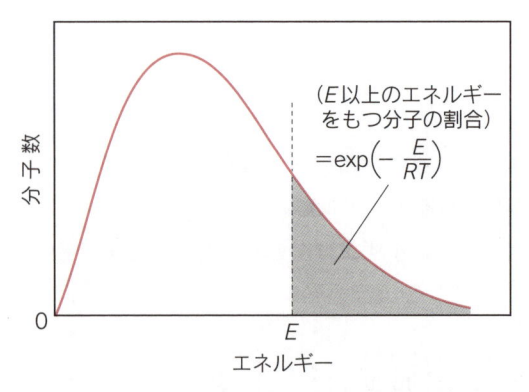

図5.6 活性化エネルギーと分子数

のエネルギーをもつ分子の数は増え，より多くの分子が反応することになる．

しかし実際には，活性化エネルギー E 以上のエネルギーをもった分子が，必ず反応するわけではないことに注意する必要がある．すなわち衝突するときの方向が重要になる場合があり，その因子がアレニウスの式 (5.25) の頻度因子 A のなかに盛り込まれている．したがって反応が起こる条件として，活性化エネルギー以上のエネルギーをもつことは必要条件ではあるが，十分条件ではない．

以上がアレニウスの式 (5.25) の意味である．

最後に，活性化エネルギー E と反応速度 r の関係を具体的に見ていこう．図5.5から考えられるように，活性化エネルギー E が大きいほど，反応速度の温度変化は大きくなる．そこで活性化エネルギー E をそれぞれ 10, 20, 30 kcal mol^{-1} とし，反応温度 T を 373 K から 383 K へ 10 K だけ上げたとき，反応速度 r がどの程度変化するかを実際に計算して見てみよう．

まずは活性化エネルギー E が 10 kcal mol^{-1} のとき，反応速度 r の比は速度定数 k の比に等しいから，式 (5.25) より，それぞれの温度を添字で表して

$$\frac{r_{383}}{r_{373}} = \frac{k_{383}}{k_{373}} \tag{5.28}$$

$$= \frac{A\exp\left(-\dfrac{10\times 10^3 \times 4.18}{8.31 \times 383}\right)}{A\exp\left(-\dfrac{10\times 10^3 \times 4.18}{8.31 \times 373}\right)} \tag{5.29}$$

$$= 1.42 \tag{5.30}$$

活性化エネルギーの大きさ
一般の化学反応では活性化エネルギーの大きさが 10 ～ 30 kcal mol^{-1} であることが多い．

となる†. 同様に 20 kcal mol^{-1} のときは

$$\frac{r_{383}}{r_{373}} = 2.02 \tag{5.31}$$

30 kcal mol^{-1} のときは

$$\frac{r_{383}}{r_{373}} = 2.87 \tag{5.32}$$

となる.

　一般に反応温度が 10 K 上がると，反応速度はおよそ 2 倍になるといわれるが，上の計算結果はこのことを示している^{†2}.

5.4　反応機構と反応速度解析

5.4.1　反応機構

　一般に，反応は複数の素過程から構成される．一連の反応の速度は素過程の速度のバランスで決まるので，反応がどのような素過程から構成されるかを明らかにする研究が大切になる．実際，こうした反応機構の研究が反応速度論の中心にもなっている．

　また，それぞれの素過程には速度式があり，速度定数がある．これらを実験で測定し，複数の速度式を組み合わせることにより，いろいろな濃度または圧力，温度における全体の反応速度（全反応速度）を予測する式を導くことができる^{†3}．これが反応速度解析と呼ばれるものである．

　ではここで，典型的な反応機構のタイプについて考えていこう．

　まず，逐次反応と呼ばれるものがある．これは以下のように書ける．

$$A \longrightarrow X \longrightarrow Y \longrightarrow B \tag{5.33}$$

すなわち反応物 A が生成物 B に変化する途中で，X および Y という中間体を経由する．ここで物質収支の関係に注意しなければならない．たとえば X について考えると，この X の濃度変化の速度は，A が X に変化する速度と，X が Y に変化する速度で決まる．すなわち

$$\frac{d[X]}{dt} = -\frac{d[A]}{dt} - \frac{d[Y]}{dt} \tag{5.34}$$

Y についても同様に

---

† cal から J への単位の変換に注意すること．
　1 cal = 4.184 J
で，見返しの表も参照のこと．

^{†2} もし活性化エネルギー E がゼロであれば，温度が変化しても反応速度は変わらない．実際にそのような反応も知られている．

素過程
素過程を素反応と呼ぶこともあるが，反応過程の一部である拡散過程は反応ではないので，素過程と呼ぶほうが一般的である．

反応機構
具体的に反応機構の例を示しておこう．まず反応
　$H_2 + B_2 \longrightarrow 2HBr$
は次のような素過程からなる．
　$Br_2 \longrightarrow 2Br$
　$Br + H_2 \longrightarrow HBr + H$
　$H + Br_2 \longrightarrow HBr + Br$
最初に Br_2 が熱によって Br へと解離し，反応性の高い Br が H_2 と反応して HBr が生じるとともに H が生成する．この H も反応性が高く Br_2 と反応して HBr と Br を生成する．
　次に反応
　$2NO + O_2 \longrightarrow 2NO_2$
は次のような素過程からなる．
　$NO + NO \rightleftarrows N_2O_2$
　$N_2O_2 + O_2 \longrightarrow 2NO_2$
まず NO どうしが衝突して二量体をつくり，一部は分解して NO に戻るが，一部は O_2 と反応して NO_2 を生成する．
　以上は比較的単純な例である．一般には，もっと多くの素過程から反応が構成される場合が普通であり，それらの素過程がすべて進行して，はじめて全体の反応が進む．

^{†3} 全反応速度と同様な言い方として，全体の反応のことを全反応，全反応についての速度式を全反応速度式という．

$$\frac{d[Y]}{dt} = -\frac{d[X]}{dt} - \frac{d[B]}{dt} \tag{5.35}$$

となって以上のように，中間体に関する反応速度式が導かれる．

ところで素過程には速度定数が大きく容易に起こりやすいものと，速度定数が小さく起こりにくいものとがある．したがって反応開始後ただちに，ある素過程だけが平衡に到達してしまうことがある．これを微視的平衡といい，たとえば

$$A \rightleftarrows X \longrightarrow B \tag{5.36}$$

のような場合である．

また反応が分岐するタイプがあり，これを並発反応という．式で表せば

$$A \begin{array}{c} \nearrow B \\ \searrow C \end{array} \tag{5.37}$$

のようになる．この並発反応の物質収支は

$$-\frac{d[A]}{dt} = \frac{d[B]}{dt} + \frac{d[C]}{dt} \tag{5.38}$$

と書ける．

以上示したような反応機構のタイプを明らかにすることは，全反応速度を知るために必要である．全反応速度を支配するのは，反応が起こりにくい律速過程の速度であるが，どの素過程が律速となっているかを明らかにすることは重要で，そのためには反応機構を知らなければいけないからである．なお一般に，律速過程の速度定数は小さい．

5.4.2 定常状態近似

反応速度解析の方法で最も重要なのは定常状態近似である．いま全反応が

$$A \longrightarrow X \longrightarrow Y \longrightarrow B \tag{5.39}$$

のように逐次的に進むとする．このとき中間体 X および Y の濃度が変化しない状態を定常状態といい，次式のように表される．

$$\frac{d[X]}{dt} = 0 \tag{5.40}$$

$$\frac{d[Y]}{dt} = 0 \tag{5.41}$$

注意すべきはXとYの濃度がゼロになるのではなく，濃度の時間変化がゼロ，すなわち濃度が時間的に変化せず，一定に保たれているという点である．このような近似を**定常状態近似**という．

では実際に，以下の反応

$$A \underset{r_{-1}}{\overset{r_1}{\rightleftharpoons}} B \underset{r_{-2}}{\overset{r_2}{\rightleftharpoons}} C \underset{r_{-3}}{\overset{r_3}{\rightleftharpoons}} D \underset{r_{-4}}{\overset{r_4}{\rightleftharpoons}} E \tag{5.42}$$

を例に，定常状態近似を行ってみることにする．いま中間体B，CおよびDに定常状態近似

$$\frac{d[B]}{dt} = \frac{d[C]}{dt} = \frac{d[D]}{dt} = 0 \tag{5.43}$$

を適用する．物質収支の関係から得られる式と，上の式(5.43)より

$$\frac{d[B]}{dt} = r_1 + r_{-2} - r_{-1} - r_2 = 0 \tag{5.44}$$

$$\frac{d[C]}{dt} = r_2 + r_{-3} - r_{-2} - r_3 = 0 \tag{5.45}$$

$$\frac{d[D]}{dt} = r_3 + r_{-4} - r_{-3} - r_4 = 0 \tag{5.46}$$

これより，次が導かれる．

$$r_1 - r_{-1} = r_2 - r_{-2} = r_3 - r_{-3} = r_4 - r_{-4} \tag{5.47}$$

つまりそれぞれの反応の間で，正反応と逆反応の速度の差がすべて等しい，というのが定常状態ということになる．そして，この差が全反応速度r，すなわちAの消失速度およびEの生成速度に等しい．すなわち

$$r = r_1 - r_{-1} = r_2 - r_{-2} = r_3 - r_{-3} = r_4 - r_{-4} \tag{5.48}$$

である．

ところでAからEまでの濃度についての変数が五つであるのに対して，それら変数を含む式(5.44)から(5.46)までの三つの方程式があるので，この三つの方程式を解くと，任意の濃度を他の二つの濃度で表

すことができる．したがって中間体の濃度 [B]，[C]，[D] を，それぞれ反応物の濃度 [A] と生成物の濃度 [E] で表すことができる．その結果，全反応速度 r を，反応物 A および生成物 E の濃度で表すことができるようになる[†]．この点が定常状態近似の特長である．

[†] 一般に中間体の濃度を測定することは困難な場合が多いが，反応物および生成物の濃度は比較的容易に測定できる．

そこでたとえば，次のような少し簡単な例

$$A \underset{r_{-1}}{\overset{r_1}{\rightleftarrows}} B \underset{r_{-2}}{\overset{r_2}{\rightleftarrows}} C \tag{5.49}$$

で定常状態近似を用い，全反応速度 r を反応物 A と生成物 C の濃度で表してみよう．

いま，それぞれの反応速度式は次のように書ける．

$$r_1 = k_1[A] \tag{5.50}$$
$$r_{-1} = k_{-1}[B] \tag{5.51}$$
$$r_2 = k_2[B] \tag{5.52}$$
$$r_{-2} = k_{-2}[C] \tag{5.53}$$

ここで B についての物質収支を考え，さらに定常状態近似を適用すると

$$\frac{d[B]}{dt} = r_1 + r_{-2} - r_{-1} - r_2 = 0 \tag{5.54}$$

ここへ式 (5.50)〜(5.53) を代入して

$$k_1[A] + k_{-2}[C] - k_{-1}[B] - k_2[B] = 0 \tag{5.55}$$

ゆえに

$$[B] = \frac{k_1[A] + k_{-2}[C]}{k_{-1} + k_2} \tag{5.56}$$

見かけの速度定数

式 (5.58) において，反応の初期では C の濃度はゼロなので

$$r = \frac{k_1 k_2}{k_{-1} + k_2}[A]$$

と書ける．ここで

$$\frac{k_1 k_2}{k_{-1} + k_2}$$

を全反応の速度定数に対し，見かけの速度定数と呼ぶことがある．この見かけの速度定数は，複数の素過程の速度のバランスが，全反応速度を決めているということを示している．

式 (5.48) で述べたことから，全反応速度 r は

$$r = r_1 - r_{-1} = r_2 - r_{-2} \tag{5.57}$$

で与えられる．ここへ式 (5.50) と (5.51)，(5.56) を用いれば

$$r = \frac{k_1 k_2[A] - k_{-1} k_{-2}[C]}{k_{-1} + k_2} \tag{5.58}$$

が得られる．つまり全反応速度を，中間体の濃度を使わずに表すことができたことになる．

定常状態近似によれば，どのような反応機構に対しても同様にして，このように全反応速度を反応物および生成物の濃度で記述できることになる．

5.4.3 微視的平衡の仮定

ここで定常状態近似に加え，さらに微視的平衡を仮定して近似した場合を考えよう．

まず反応 (5.42) に対して，式 (5.48) が成り立っているとする．このときの関係の一つの例を図 5.7 に示す．反応速度をベクトルの矢印のように表し，つまり矢印の長さが速度の大きさを表しているものとする．この図によって，それぞれの素過程の反応速度は異なっていても，正反応と逆反応の速度の差は等しく，それが全反応速度 r に等しいことがよくわかる．すなわち

$$r = r_1 - r_{-1} = r_2 - r_{-2} = r_3 - r_{-3} = r_4 - r_{-4} \tag{5.59}$$

である．

さて図 5.7 では，それぞれの素過程の反応速度にそれほど大きな差があるようには示していないが，一般の化学反応では，素過程によって反応速度は桁違いに（場合によっては 10 桁も）異なる．しかし定常的に反応が進行しているときに観測される速度 r，すなわち正反応と逆反応の速度の差はすべての素過程の間で等しい．したがって反応速度が大きい素過程では，正反応と逆反応の速度がほぼ等しいと近似できる．たとえ

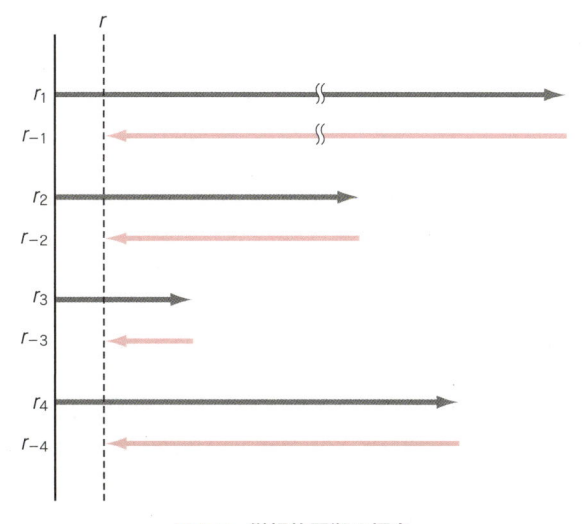

図 5.7　微視的平衡の仮定

ば図 5.7 においては

$$r_1 \fallingdotseq r_{-1} \tag{5.60}$$

とすることができる．これが微視的平衡の仮定である．このように反応全体は平衡に到達していなくても，そこに含まれる素過程が見かけ上，ほぼ平衡にあると見なすことができる．

また図 5.7 において，右向きの矢印のなかでは r_3 が最も短く，r の大きさに最も近くなっており，全反応速度はここで決定されている．すなわち，ここが律速過程になっている．このように明らかな律速過程が存在する場合には，全反応速度 r が律速過程の速度 $r_3 - r_{-3}$ に等しい，すなわち

$$r = r_3 - r_{-3} \tag{5.61}$$

とおき，他の素過程を平衡にあるとさらに近似して取り扱うことができる．

さて以上のようなことから，微視的平衡を仮定したときの全反応速度式は以下のように導かれる．

まず添字 1, 2, 4 で表された反応がそれぞれ平衡にあると仮定してみよう．このとき，それぞれについて以下が成り立つ．はじめに

$$r_1 = r_{-1}$$

より

$$k_1[\mathrm{A}] = k_{-1}[\mathrm{B}] \tag{5.62}$$

また

$$r_2 = r_{-2}$$

より

$$k_2[\mathrm{B}] = k_{-2}[\mathrm{C}] \tag{5.63}$$

同様に

$$r_4 = r_{-4}$$

より

$$k_4[\mathrm{D}] = k_{-4}[\mathrm{E}] \tag{5.64}$$

である．次に，全反応速度 r は律速過程の速度に等しいとおいて

$$r = r_3 - r_{-3}$$
$$= k_3[\text{C}] - k_{-3}[\text{D}] \tag{5.65}$$

式 (5.65) を式 (5.62)〜(5.64) を使って整理すれば，微視的平衡を仮定したときの全反応速度 r が

$$r = \frac{k_1 k_2 k_3}{k_{-1} k_{-2}}[\text{A}] - \frac{k_{-3} k_{-4}}{k_4}[\text{E}] \tag{5.66}$$

と得られる．

さらにここで，式 (5.66) で与えられた全反応速度 r を，平衡定数を用いて表してみよう．

それぞれの素過程について，平衡定数は次のように書ける．

$$K_1 = \frac{[\text{B}]}{[\text{A}]} = \frac{k_1}{k_{-1}} \tag{5.67}$$

$$K_2 = \frac{[\text{C}]}{[\text{B}]} = \frac{k_2}{k_{-2}} \tag{5.68}$$

$$K_3 = \frac{[\text{D}]}{[\text{C}]} = \frac{k_3}{k_{-3}} \tag{5.69}$$

$$K_4 = \frac{[\text{E}]}{[\text{D}]} = \frac{k_4}{k_{-4}} \tag{5.70}$$

ただし，ここで式 (5.62)〜(5.65) の関係を用いた．さらに反応物 A と生成物 E の間の平衡定数を

$$K = \frac{[\text{E}]}{[\text{A}]} \tag{5.71}$$

とする．ここへ式 (5.67)〜(5.70) の関係を用いれば

$$K = \frac{[\text{E}]}{[\text{A}]}$$
$$= \frac{[\text{B}]}{[\text{A}]} \frac{[\text{C}]}{[\text{B}]} \frac{[\text{D}]}{[\text{C}]} \frac{[\text{E}]}{[\text{D}]}$$
$$= K_1 K_2 K_3 K_4 \tag{5.72}$$

となる．したがって式 (5.66) で与えられた全反応速度 r は，式 (5.67)

と (5.68), (5.70) を用いて

$$r = k_3 K_1 K_2 [\mathrm{A}] - \frac{k_{-3}}{K_4}[\mathrm{E}] \tag{5.73}$$

さらに式 (5.69) と (5.72) を使えば

$$r = k_3 K_1 K_2 \Big([\mathrm{A}] - \frac{1}{K}[\mathrm{E}]\Big) \tag{5.74}$$

と表される．生成物の濃度 [E] がきわめて小さい場合には

$$r = k_3 K_1 K_2 [\mathrm{A}] \tag{5.75}$$

となり，これは律速過程の逆反応の速度が小さい場合に対応する．

　以上のように全反応速度 r を反応物および生成物の濃度，速度定数，平衡定数などを使って記述することができた．平衡定数は計算によって求めうる値なので，実際に平衡定数による表式は有用である．反応機構が明らかとなり，速度定数や平衡定数がわかれば，任意の条件における反応速度を予測できることがわかる．

5.5　触媒の働き

5.5.1　触媒作用と反応経路

　触媒は反応速度を高める．すなわち速度定数を増大させる．速度定数はアレニウスの式 (5.25) で見たように頻度因子と活性化エネルギーの項からなり，活性化エネルギーを低下させたり，頻度因子を増加させたりすることによって反応速度が増大すると説明される．

　ところで，活性化エネルギーを低下させるには，異なる反応経路を与えればよい．活性化エネルギーの低い反応経路を通るほうが容易に，すなわち大きな反応速度で生成物に達することができる．

　この項では固体触媒を例に，上で述べたような反応経路すなわち，反応機構と触媒作用との関係について説明する．

　まず多少くり返しになるが，活性化エネルギーを低下させることについて，触媒の果す役割は以下のようにまとめられる．

> 触媒は新しい反応経路を提供する．ここで，その反応経路は一般に複数の素過程からなり，そのいずれの素過程についても活性化エネルギーは小さい．

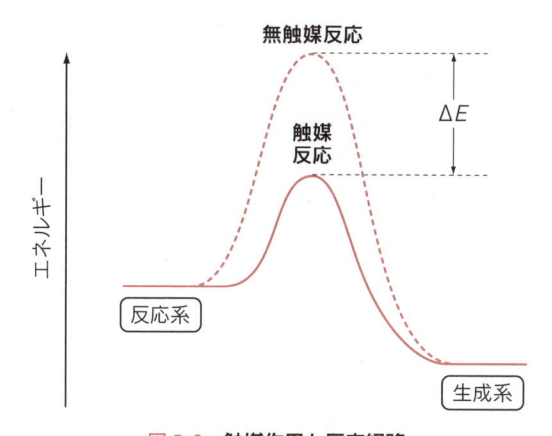

図 5.8 触媒作用と反応経路
触媒によって ΔE だけ活性化エネルギーが低下する．

すべての素過程の活性化エネルギーは小さく容易に進行するから，全体としての反応の速度が大きくなる．すなわち，活性化エネルギーの小さい一連の素過程からなる反応経路が与えられるというのが触媒作用の本質である．

ところで反応経路と触媒作用との関係を説明するために，図 5.8 のような図が頻繁に用いられるが，この図には反応がいくつもの素過程からなるという視点が含まれていないから，その点は注意が必要である．実は，実線で示された図 5.8 の低いほうの〝山〟には，活性化エネルギーの低いいくつもの素過程が含まれている．

したがって，なぜ活性化エネルギーが低下するのかということを正確に知るためには，反応がどのような素過程から構成されていて，その素過程の活性化エネルギーがどれほどであるかを知らなければならない．それが反応機構の研究であり，反応速度論の核心である．

ではここから，固体触媒についての話を進める．

固体触媒は，素過程が表面で進行するという点が特徴的であり，その素過程には次の五つがあって，これらがサイクルとなり触媒反応が進行する[†]．

① 吸着
② 解離
③ 表面拡散
④ 表面反応
⑤ 脱離

ここでまず**吸着**は，気体として運動していた分子が固体表面に衝突し，分子が表面の原子と化学結合を形成する素過程である．吸着した分子内

[†] これらにおいて③の表面拡散を除いて，すべて化学反応である．

の結合は弱められ，やがてついには切断される．これが解離である．解離で生じた吸着種（原子や分子）は，別の吸着種と表面で衝突して新たな結合が形成される．これが表面反応であり，新たな分子が生成する瞬間である．この新たに生成した分子が次に，表面から飛び去っていく．これが脱離である．

表面におけるこうした素過程は，それぞれ結合の切断や形成を伴う化学反応である．したがって，おのおのの素過程に対して活性化エネルギーが存在する．ここでポイントとなるのは，いずれの素過程の活性化エネルギーも小さいという点である．そのため，それぞれの素過程はすばやく進行し，その結果，全体の反応速度が高まるのである．

5.5.2 アンモニア合成反応の例

ではここで，有名な鉄触媒によるアンモニア合成反応を例に，どのようにして触媒が活性化エネルギーを低下させるかを示す．

アンモニア合成反応は，次のような表面での素過程から構成される．なおここで，下つきの ad は吸着状態を意味する．

① まず，窒素分子が鉄の表面に吸着する．このときの窒素分子を $N_{2,ad}$ と書く．
② 続いて，窒素分子が二つの窒素原子 N_{ad} に解離する．
③ 水素分子も鉄表面で解離し，二つの水素原子 H_{ad} が生成する．
④ N_{ad} と H_{ad} は表面で拡散，衝突，表面反応の過程を通して反応し，NH_{ad} を生成する．
⑤ ついで NH_{ad} と H_{ad} から $NH_{2,ad}$ が生成する．
⑥ さらに続いて $NH_{2,ad}$ と H_{ad} から $NH_{3,ad}$ が生成する．
⑦ 最後に，吸着状態にある $NH_{3,ad}$ が脱離していき，NH_3 となる．

これらすべての素過程が十分大きな速度で進むことによって全体の反応，すなわちアンモニア合成反応が進行する．なお，以上の素過程を反応式で書くと次のようになる．

① $N_2 \longrightarrow N_{2,ad}$
② $N_{2,ad} \longrightarrow 2N_{ad}$
③ $H_2 \longrightarrow 2H_{ad}$
④ $N_{ad} + H_{ad} \longrightarrow NH_{ad}$
⑤ $NH_{ad} + H_{ad} \longrightarrow NH_{2,ad}$
⑥ $NH_{2,ad} + H_{ad} \longrightarrow NH_{3,ad}$
⑦ $NH_{3,ad} \longrightarrow NH_3$

さて，触媒作用の役割を理解するために，以上の素過程に対して図

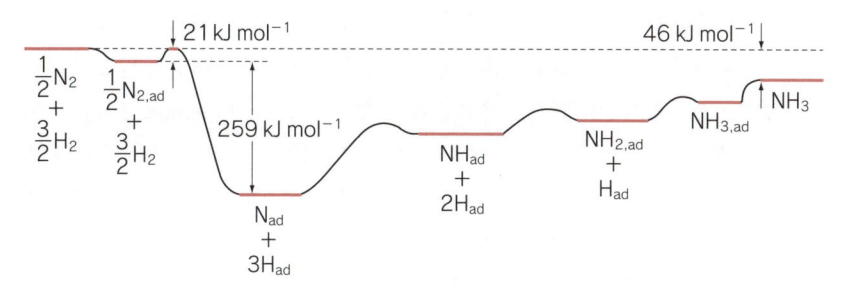

図5.9 アンモニア合成のエネルギーダイアグラム

5.9のようなエネルギー図（エネルギーダイアグラムという）を作成する必要がある．このエネルギーダイアグラムは，実験による測定で作成されたものである．この図を理解することが触媒作用の本質を理解することにかかわるので以下，説明を加えていく．

基本的には，この図5.9は図5.8と同じように，それぞれの素過程の活性化エネルギーと反応熱を示した図として理解される．具体的にはそれぞれの素過程について，図中を右方向へ進んだときの"山"の高さが活性化エネルギーの大きさを表している．

たとえば図において，$(1/2)N_{2,ad} + (3/2)H_2$ から $N_{ad} + 3H_{ad}$ へと進む途中に若干の山があるが，これは窒素分子と水素分子の解離の活性化エネルギーを合わせたものに相当する．その大きさは $21\ kJ\ mol^{-1}$ である．$N\equiv N$ の結合エネルギーは $945\ kJ\ mol^{-1}$ であるから，たいへん小さなエネルギーで窒素分子を解離できることがわかる．さらに図に示されたエネルギーの値から，どの素過程についても活性化エネルギーが $250\ kJ\ mol^{-1}$ 以下であることもわかる．

鉄の表面に吸着している $N_{2,ad}$，N_{ad}，H_{ad} などが，どれほど強く鉄原子と結合しているかは，図5.9に示されているエネルギー準位の高低，すなわち赤色の水平線の位置の高低で表される．たとえば $N_{ad} + 3H_{ad}$ は比較的低い位置にある．これは N_{ad} および H_{ad} が鉄原子と強く結合していることを意味している．見方を変えれば，強く結合して安定化するので，エネルギーが低いということである．N_{ad} は逐次的に H_{ad} と反応して NH_{ad} へ，さらに $NH_{2,ad}$ へと変化していくが，これにつれてエネルギー準位は高くなっていく．すなわち，これらは吸熱反応である．

アンモニア合成反応の全体を見ると，左端と右端のエネルギー準位を比較して，右端のエネルギー準位が $46\ kJ\ mol^{-1}$ だけ低いことがわかる．これが反応熱で，合成反応全体では発熱反応になっている．

さて，ではなぜ鉄が特別に触媒として用いられるのだろうか．

この答えのポイントは，上で② として示した，窒素分子の解離にある．窒素分子では，窒素原子間に強い三重結合がある．反応を起こすためには，まずこれを切断しなければならない．しかし白金触媒でもニッケル触媒でも，この結合を容易に切断することができない．ところが鉄触媒は，この結合を比較的容易に切断し，窒素分子が比較的容易に解離する．これが鉄触媒の特長である．

ただし窒素分子を容易に解離できたからといって，必ずしも触媒として機能するというわけではない．タングステン触媒は窒素分子を容易に解離させるが，生成した N_{ad} が安定すぎるため，水素原子との反応の活性化エネルギーがきわめて大きくなってしまう†．このため，触媒として機能しない．

† 図 5.9 のエネルギー準位でいうと $N_{ad} + 3H_{ad}$ の位置がいちじるしく下降するということである．

すなわち，すべての素過程が十分な速度で進行するような触媒が重要で，このためには $N_{2,ad}$, N_{ad}, H_{ad}, NH_{ad}, $NH_{2,ad}$, $NH_{3,ad}$ などの中間体が適度な安定性をもって吸着している状況が重要である．ある一つの吸着種がいちじるしく安定な場合，その吸着種が触媒表面全体を覆ってしまうことになり，全体の反応速度は小さくなる．すなわち触媒活性は小さくなる．

以上述べたように，触媒反応を構成する素過程においては，触媒表面の原子が積極的に反応することによって活性化エネルギーを減少させ，全体の反応をスムーズに進行させていることがわかる．

章末問題

5.1 いま次の反応

$$A \longrightarrow B$$

を考える．反応速度は A の濃度の 1 次に比例し，速度定数を k，A と B の濃度をそれぞれ C_A および C_B とする．以下の問いに答えよ．

(a) 反応速度式を示せ．
(b) A の濃度を測定して k を求める方法について説明せよ．
(c) A の濃度が時間の経過とともに指数関数的に減少することを示せ．
(d) 速度定数 k は

$$k = \nu \exp\left(-\frac{E}{RT}\right)$$

と書ける．ここで ν は頻度因子と呼ばれる．活性化エネルギーを E，絶対温度を T，気体定数を R として，$\exp(-E/RT)$ の意味を簡単に説明せよ．
(e) k の測定から活性化エネルギー E の値を求める方法について説明せよ．
(f) いま逆反応が起こる場合を考える．逆反応の速度定数を k_- とし，反応速度は B の濃度の 1 次に比例するとする．反応が平衡に達するならば，平衡定数 K と速度定数 k および k_- の間にど

のような関係が成立するか．

5.2 アンモニア合成反応

$$N_2 + 3H_2 \rightleftharpoons 2NH_3$$

の反応速度 r は N_2 の分圧 P_{N_2} にのみ比例すると仮定する．
(a) 速度定数を k として反応速度式を書け．
(b) アレニウスプロットとは何か．説明せよ．
(c) 動的平衡とは何か．説明せよ．
(d) アンモニア合成反応には鉄触媒が有効であることが知られている．触媒の有無と，アンモニア合成反応の平衡点との関係について述べよ．

第6章　酸と塩基の反応

　化学反応のタイプを大別すると，本章で述べる酸塩基反応と，次章で述べる酸化還元反応の二つになる．
　ここでは，酸と塩基の反応に関する基礎的な事項と，この酸塩基反応と化学平衡論との関連について述べる．
　たとえば強酸であるか弱酸であるかというのは水溶液中の H^+ の濃度で決まるが，これはすなわち水溶液中で電離したとき，平衡が H^+ の側にかたよっているか否かということである．これはまさに化学平衡論で説明されることで，その意味で本章では，化学平衡論の応用を学ぶことになる．

6.1　酸と塩基

　酸と塩基の定義には ① アレニウスによるもの，② ブレンステッドによるもの，③ ルイスによるもの，という異なった三つの定義がある．以下で順に見ていくが，まずはその違いをきちんと理解しよう．

6.1.1　アレニウスの酸と塩基

　アレニウスによる酸と塩基の定義を表 6.1 に示す．これは，一般にあ

表 6.1　アレニウスの酸と塩基

	説　明
酸の定義	溶液中で水素イオン H^+ を与える物質
塩基の定義	溶液中で水酸化物イオン OH^- を与える物質
酸の強さの尺度	電離度[a] の大きさ
塩基の強さの尺度	電離度の大きさ

a) 6.3 節を参照のこと．

まり用いられることがない．

6.1.2 ブレンステッドの酸と塩基

いま塩化水素 HCl をアンモニア NH_3 に通すと，次の反応が容易に進行する．

$$HCl + NH_3 \longrightarrow NH_4^+ + Cl^- \tag{6.1}$$

さて，この反応において HCl は水素イオン H^+ を与えるので，アレニウスの定義によって明らかに酸であるが，一方の NH_3 は水酸化物イオン OH^- を与えていない．しかし NH_3 は酸と反応するので塩基と見なすことができる．このようにブレンステッドとローリーはアレニウスによる定義を拡張して，酸と塩基を表 6.2 のように定義した．この定義による酸と塩基を，それぞれ**ブレンステッド酸**および**ブレンステッド塩基**と呼ぶ．

ところで次の反応

$$CH_3COOH + H_2O \longrightarrow H_3O^+ + CH_3COO^- \tag{6.2}$$

では，上の定義から CH_3COOH が酸で，H_2O が塩基である．ここで逆反応を考えると H_3O^+ は酸で，CH_3COO^- は塩基であると見なすことができる．両辺で H^+ のあるなしが違いであることに注目して，H_3O^+ を H_2O の**共役酸**と呼び，CH_3COO^- を CH_3COOH の**共役塩基**と呼ぶ．

また，次の反応では H_2O は酸として働く．

$$\underset{\text{塩基}}{NH_3} + \underset{\text{酸}}{H_2O} \longrightarrow NH_4^+ + OH^- \tag{6.3}$$

すなわち H_2O は，酸にも塩基にもなりうる．

最後に，注意を一つ与えておく．それは，酸の強さ（H^+ の与えやすさ）はそれ自体の性質で決まるのではなく，H^+ を受け入れる相手の性質に影響を受けるという点である．そこで酸の強さを比較するには，塩

表 6.2 ブレンステッドの酸と塩基

	説 明
酸の定義	水素イオン H^+ を与える分子またはイオン
塩基の定義	水素イオン H^+ を受け入れる分子またはイオン
酸の強さの尺度	相手に H^+ を与える傾向の大きさ
塩基の強さの尺度	相手から H^+ を受け入れる傾向の大きさ

基の種類を同一にする必要がある．水溶液の場合は H_2O が，酸や塩基の強さを比較するときの共通の化合物となる．

6.1.3 ルイスの酸と塩基

1923年，ルイスはブレンステッド酸とブレンステッド塩基の定義をさらに拡張し，H^+ の授受を伴わない場合でも成立する酸と塩基の定義を提出した．表6.3に示したこの定義による酸と塩基を，それぞれ**ルイス酸**および**ルイス塩基**と呼ぶ．

この定義で注意すべき点は "電子対" であって，"電子" ではない点である．2.4節で配位結合のことを述べたとき孤立電子対について触れたが，この孤立電子対は，まさにここでいう電子対である．

ルイス酸とルイス塩基の具体例として

$$Ag^+ + CN^- \longrightarrow AgCN$$
酸　　塩基

$$F_3B + :NH_3 \rightleftarrows F_3B^-\!:\!NH_3^+$$
　　酸　　　塩基

$$F_3B + :\!\ddot{O}(C_2H_5)_2 \rightleftarrows F_3B^-\!:\!\ddot{O}(C_2H_5)_2^+$$
　　酸　　　塩基

などをあげておく．

以上三つの酸と塩基の定義を示したが，アレニウスよりもブレンステッドによるものが，またブレンステッドよりもルイスによるものがより広い定義である．水溶液中においてはとくに H^+ の挙動が重要なので，ブレンステッドによる定義で十分である．またルイスによる定義は，アレニウスおよびブレンステッドによる定義を含む最も一般的な定義で

酸点と塩基点

酸性をもつ点のことを酸点といい，たとえば固体の Al_2O_3 の表面には電子対を受け入れることのできるルイス酸点のあることが知られている．同様にルイス塩基点も存在する．

表6.3 ルイスの酸と塩基

	説　明
酸の定義	電子対を受け入れることのできる物質
塩基の定義	電子対を与えることのできる物質

あるが，これは非水溶液系において重要である．

以下，本章においては水溶液について考えていくので，ここでの酸と塩基は，ブレンステッド酸およびブレンステッド塩基ということになる．

6.2 水溶液の酸性と塩基性の尺度

水は次式のようにわずかに電離する．

$$\mathrm{H_2O} \rightleftharpoons \mathrm{H^+} + \mathrm{OH^-} \tag{6.4}$$

その平衡は次式で表される．

$$K_\mathrm{w} \equiv [\mathrm{H^+}][\mathrm{OH^-}] = 10^{-14} \tag{6.5}$$

ここで $[\mathrm{H^+}]$ と $[\mathrm{OH^-}]$ は $\mathrm{H^+}$ および $\mathrm{OH^-}$ の濃度であり，K_w は水のイオン積と呼ばれる．温度が一定ならば K_w は定数で，また外部から酸やアルカリを加えると水素イオン濃度 $[\mathrm{H^+}]$ は変化するが，それにもかかわらず式 (6.5) はそのまま成り立っている．

酸および塩基の強さの尺度には，この水素イオン濃度 $[\mathrm{H^+}]$ を用いる．ただしそのままではなく，$[\mathrm{H^+}]$ の対数をとってマイナスを付けた pH が用いられる．すなわち

$$\mathrm{pH} \equiv -\log[\mathrm{H^+}] \tag{6.6}$$

たとえば純水では

$$[\mathrm{H^+}] = [\mathrm{OH^-}] = 10^{-7}\,\mathrm{mol\,L^{-1}} \tag{6.7}$$

であり，したがって式 (6.6) より pH は 7 となる．そして，これを境として pH が 7 より小さいところを酸性，大きいところをアルカリ性という．そのほか，たとえば $0.1\,\mathrm{mol\,L^{-1}}$ の HCl では $[\mathrm{H^+}] = 0.1\,\mathrm{mol\,L^{-1}} = 10^{-1}\,\mathrm{mol\,L^{-1}}$ であるから pH は 1 であり，$0.01\,\mathrm{mol\,L^{-1}}$ の NaOH では $[\mathrm{OH^-}] = 0.01\,\mathrm{mol\,L^{-1}} = 10^{-2}\,\mathrm{mol\,L^{-1}}$ となるから式 (6.5) より $[\mathrm{H^+}] = 10^{-12}\,\mathrm{mol\,L^{-1}}$ となる†．したがって pH は 12 である．

6.3 弱酸と弱塩基の電離

強酸や強塩基が水溶液中で完全に電離するのに対して，弱酸や弱塩基ではそのごく一部しか電離しない．このため pH を求めるには，その溶液における電離平衡を考慮しなければならない．たとえば酸 HA は水

M
$\mathrm{mol\,L^{-1}}$ という単位を M と表すことがある．

† HCl と NaOH は，強酸と強塩基なので水溶液中で完全に電離する．このため $0.1\,\mathrm{mol\,L^{-1}}$ の HCl では $[\mathrm{H^+}] = 0.1\,\mathrm{mol\,L^{-1}}$，また $0.01\,\mathrm{mol\,L^{-1}}$ の NaOH では $[\mathrm{OH^-}] = 0.01\,\mathrm{mol\,L^{-1}}$ となる．

溶液中で次のように電離する．

$$\mathrm{HA} \rightleftharpoons \mathrm{H^+ + A^-} \tag{6.8}$$

ここで平衡定数 K_a は

$$K_\mathrm{a} \equiv \frac{[\mathrm{H^+}][\mathrm{A^-}]}{[\mathrm{HA}]} \tag{6.9}$$

であり，この K_a が大きいほど電離しやすく強い酸である．また温度が一定であれば K_a は一定である．

さてここで，酸 HA の初濃度を C_a，**電離度**を α として，式 (6.9) で与えられる K_a と C_a および α の関係を求めてみよう．

まず電離度 α の定義から，すぐに

$$\alpha = \frac{[\mathrm{H^+}]}{C_\mathrm{a}} \tag{6.10}$$

すなわち

$$[\mathrm{H^+}] = C_\mathrm{a}\alpha \tag{6.11}$$

がわかる．また電離後の酸の濃度を $[\mathrm{HA}]$ と書くと

$$[\mathrm{HA}] = C_\mathrm{a} - [\mathrm{H^+}] \tag{6.12}$$

が成り立ち，さらに

$$[\mathrm{H^+}] = [\mathrm{A^-}] \tag{6.13}$$

である．式 (6.11)〜(6.13) を使って式 (6.9) を整理すれば

$$K_\mathrm{a} = \frac{C_\mathrm{a}\alpha^2}{1-\alpha} \tag{6.14}$$

が得られる．

この式 (6.14) から，酸の初濃度 C_a が大きくなると，電離度 α が小さくなることがわかる．これは式 (6.8) の平衡を考えるとよい．すなわち，これは HA が $\mathrm{H^+}$ と $\mathrm{A^-}$ になってモル数が増える反応なので，HA の濃度が大きくなるほど平衡は左に傾く．すなわち HA の初濃度 C_a が大きくなると α は小さくなる．逆に HA の濃度を小さくしていくと，弱酸であっても電離度は大きくなることがわかる．

ところで酸 HA の共役塩基である $\mathrm{A^-}$ は，水 $\mathrm{H_2O}$ と次式のような平衡

表6.4 さまざまな酸および塩基の pK_a と pK_b

酸	pK_a	塩基	pK_b
CH_3COOH	4.74	CH_3COO^-	9.26
NH_4^+	9.26	NH_3	4.74
H_2CO_3	6.34	HCO_3^-	7.66
HCO_3^-	10.36	CO_3^{2-}	3.64
H_2CrO_4	0.74	$HCrO_4^-$	13.26
$HCrO_4^-$	6.49	CrO_4^{2-}	7.51
HCN	9.14	CN^-	4.86
H_2S	7.0	HS^-	7.0
HS^-	15.0	S^{2-}	-1.0
H_3PO_4	2.12	$H_2PO_4^-$	11.88
$H_2PO_4^-$	7.21	HPO_4^{2-}	6.79
HPO_4^{2-}	12.32	PO_4^{3-}	1.68
HSO_4^-	1.92	SO_4^{2-}	12.08

にある.

$$A^- + H_2O \rightleftharpoons HA + OH^- \tag{6.15}$$

この平衡定数 K_b は

$$K_b \equiv \frac{[HA][OH^-]}{[A^-]} \tag{6.16}$$

で与えられる．これと式 (6.9) から

$$K_a K_b = [H^+][OH^-] = 10^{-14} \tag{6.17}$$

ただし式 (6.5) を用いた．ゆえに K_a または K_b のうち，一方がわかれば他の一方を求めることができる．表 6.4 にはいくつかの酸と塩基について

$$pK_a \equiv -\log K_a \tag{6.18}$$

および

$$pK_b \equiv -\log K_b \tag{6.19}$$

の値を示した.

また式 (6.9) と (6.18)，および式 (6.6) より

$$pH = pK_a + \log \frac{[A^-]}{[HA]} \tag{6.20}$$

が，また同様に式 (6.16) と (6.19)，および式 (6.6) より

$$\mathrm{pOH} = \mathrm{p}K_b + \log\frac{[\mathrm{HA}]}{[\mathrm{A}^-]} \tag{6.21}^\dagger$$

† ここで $\mathrm{pOH} \equiv -\log[\mathrm{OH}^-]$ である．

が，それぞれ導かれる．とくに式 (6.20) をヘンダーソン・ハッセルバルヒの式と呼ぶ．

6.4 酸塩基滴定

酸塩基滴定とは酸または塩基の濃度を，塩基または酸の標準溶液を用いて滴定により求める方法である．ここで，滴定剤の量（通常は滴定剤溶液の体積）に対する溶液の pH の変化を示す曲線を酸塩基滴定曲線，あるいは単に滴定曲線という．滴定曲線の例を図 6.1 に示した．これはいろいろな $\mathrm{p}K_a$ をもつ酸 ($0.1\,\mathrm{mol\,L^{-1}}$, 50 mL) を $0.1\,\mathrm{mol\,L^{-1}}$ の NaOH 溶液で滴定したもので，NaOH 溶液添加量が 50 mL のところが中和の終わった点，すなわち当量点である．当量点付近で，どの酸についても pH の立ち上がることがわかるが，それまでの曲線の形はそれぞれの $\mathrm{p}K_a$ の値によって異なっている[†2]．

[†2] 一方，当量点以降は，滴定曲線の形は同じになっている．

さて，この滴定曲線は pH を測定することにより実験的に求めることができるが，また以下で説明するように，計算によっても求めることができる．

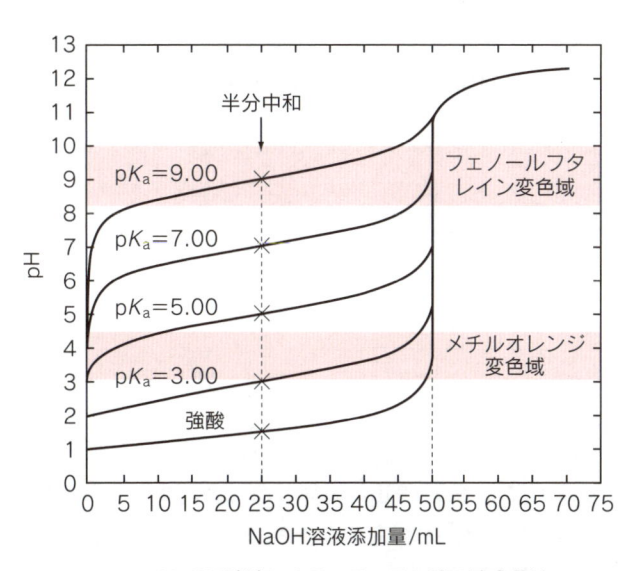

図 6.1 NaOH 溶液によるいろいろな酸の滴定曲線

まずはじめに，強酸を滴定する場合を考えよう．ここで条件は図 6.1 の場合と同じく，酸の濃度は $0.1\,\mathrm{mol\,L^{-1}}$ で体積は $50\,\mathrm{mL}$，NaOH 溶液の濃度を $0.1\,\mathrm{mol\,L^{-1}}$ とする．

最初に，滴定前の酸の pH を求めよう．いま強酸であるから

$$[\mathrm{H^+}] = 0.1\,\mathrm{mol\,L^{-1}}$$

となり，よって式 (6.6) から

$$\mathrm{pH} = 1.0$$

である．さて，いまここへ NaOH 溶液を $5\,\mathrm{mL}$ 添加したとする．このとき残っている $\mathrm{H^+}$ の量は

$$0.1\,\mathrm{mol\,L^{-1}} \times 50\,\mathrm{mL} - 0.1\,\mathrm{mol\,L^{-1}} \times 5\,\mathrm{mL} = 4.5 \times 10^{-3}\,\mathrm{mol}$$

したがって

$$[\mathrm{H^+}] = \frac{4.5 \times 10^{-3}\,\mathrm{mol}}{50\,\mathrm{mL} + 5\,\mathrm{mL}} = 8.2 \times 10^{-2}\,\mathrm{mol\,L^{-1}}$$

ゆえに式 (6.6) から，このときの pH として

$$\mathrm{pH} = 1.1$$

を得る．

次に，NaOH 溶液を $45\,\mathrm{mL}$ 添加したときに残っている $\mathrm{H^+}$ の量は，上と同様に考えて

$$0.1\,\mathrm{mol\,L^{-1}} \times 50\,\mathrm{mL} - 0.1\,\mathrm{mol\,L^{-1}} \times 45\,\mathrm{mL} = 0.5 \times 10^{-3}\,\mathrm{mol}$$

したがって

$$[\mathrm{H^+}] = \frac{0.5 \times 10^{-3}\,\mathrm{mol}}{50\,\mathrm{mL} + 45\,\mathrm{mL}} = 5.3 \times 10^{-3}\,\mathrm{mol\,L^{-1}}$$

ゆえに，このときの pH は

$$\mathrm{pH} = 2.3$$

となる．

さらに，NaOH 溶液を $50\,\mathrm{mL}$ 添加したとき，すなわち当量点における pH を求めてみると，まず当量点であるから

$$[\mathrm{H^+}] = [\mathrm{OH^-}] = 10^{-7}\,\mathrm{mol\,L^{-1}}$$

が成り立つ．よって

$$\mathrm{pH} = 7.0$$

を得る．

最後に，NaOH 溶液を 55 mL 添加したときを考える．このとき，溶液中の $\mathrm{OH^-}$ の量は

$$0.1\,\mathrm{mol\,L^{-1}} \times (55\,\mathrm{mL} - 50\,\mathrm{mL}) = 0.5 \times 10^{-3}\,\mathrm{mol}$$

である．したがって

$$[\mathrm{OH^-}] = \frac{0.5 \times 10^{-3}\,\mathrm{mol}}{50\,\mathrm{mL} + 55\,\mathrm{mL}} = 4.8 \times 10^{-3}\,\mathrm{mol\,L^{-1}}$$

よって式 (6.17) より

$$[\mathrm{H^+}] = 2.1 \times 10^{-12}\,\mathrm{mol\,L^{-1}}$$

ゆえに，このときの pH は

$$\mathrm{pH} = 11.7$$

となる．

以上の計算で求められた値は，実験的に求められた図 6.1 の曲線と良く一致している．

二番目の例として，今度は強酸ではなく，$\mathrm{p}K_\mathrm{a} = 5.00$ の弱酸 HA を滴定する場合を考えよう．そのほかの条件については，最初の例と同様である．

最初に，滴定前の酸の pH を求めよう．いま

$$\mathrm{HA} \rightleftharpoons \mathrm{H^+} + \mathrm{A^-}$$

において

$$[\mathrm{H^+}] = [\mathrm{A^-}]$$

で，また HA はわずかにしか電離していないから

$$[\mathrm{HA}] \fallingdotseq 0.1\,\mathrm{mol\,L^{-1}}$$

ところで式 (6.9) より

$$pK_a = -\log\frac{[\mathrm{H^+}][\mathrm{A^-}]}{[\mathrm{HA}]}$$

ここへ，上で述べた適当な関係や数値を代入すると

$$5.00 = -\log\frac{[\mathrm{H^+}][\mathrm{H^+}]}{0.1}$$

これを解いて

$$[\mathrm{H^+}] = 1 \times 10^{-3}\,\mathrm{mol\,L^{-1}}$$

となる．ゆえに，このときの pH として

$$\mathrm{pH} = 3.0$$

を得る．

次に，NaOH 溶液を 5 mL 添加したときを考える．いま HA はわずかにしか電離していないので，加えた NaOH はほとんどすべて

$$\mathrm{NaOH} + \mathrm{HA} \longrightarrow \mathrm{Na^+} + \mathrm{A^-} + \mathrm{H_2O}$$

により HA を中和する．よって，このとき残っている HA の量は

$$0.1\,\mathrm{mol\,L^{-1}} \times 50\,\mathrm{mL} - 0.1\,\mathrm{mol\,L^{-1}} \times 5\,\mathrm{mL} = 4.5 \times 10^{-3}\,\mathrm{mol}$$

したがって

$$[\mathrm{HA}] = \frac{4.5 \times 10^{-3}\,\mathrm{mol}}{50\,\mathrm{mL} + 5\,\mathrm{mL}}$$

また $\mathrm{A^-}$ の量は，加えた NaOH の量に相当するので $0.5 \times 10^{-3}\,\mathrm{mol}$ となり，よって

$$[\mathrm{A^-}] = \frac{0.5 \times 10^{-3}\,\mathrm{mol}}{50\,\mathrm{mL} + 5\,\mathrm{mL}}$$

これらを式 (6.20) に代入して整理すれば，このときの pH が

$$\mathrm{pH} = 4.0$$

と求まる．

さらに，当量点における pH を求めてみる．当量点における NaOH 溶液の添加量は 50 mL だから，このときの $\mathrm{A^-}$ の量は $5 \times 10^{-3}\,\mathrm{mol}$ とな

り，よって

$$[\text{A}^-] = \frac{5 \times 10^{-3}\,\text{mol}}{50\,\text{mL} + 50\,\text{mL}} = 0.05\,\text{mol L}^{-1}$$

また

$$[\text{HA}] = [\text{OH}^-]$$

である．ここで式 (6.16) へ，上で述べた関係や数値を代入して整理すると

$$K_\text{b} = \frac{[\text{OH}^-]^2}{0.05}$$

ここへ式 (6.17) を使って，さらに整理すれば

$$K_\text{b} = \frac{1}{0.05}\left(\frac{10^{-14}}{[\text{H}^+]}\right)^2$$

一方，同じく式 (6.17) より

$$\text{p}K_\text{a} - \log K_\text{b} = 14$$

が得られる．ここへ適当な関係や数値を代入して整理すれば

$$K_\text{b} = 10^{-9}$$

となる．上で求めた二つの K_b を等しいとおけば

$$[\text{H}^+] = 1.4 \times 10^{-9}\,\text{mol L}^{-1}$$

ゆえに，このときの pH は

$$\text{pH} = 8.9$$

となる．
　最後に，NaOH 溶液を 55 mL 添加したときの pH は，結果だけを示すと強酸の場合と同じく

$$\text{pH} = 11.7$$

となる．この例でも，計算と実験との間で良い一致が見られた．

6.5 酸塩基指示薬

もし，比較的狭い範囲の pH において鋭敏に変色する試薬があれば，当量点検出のための指示薬として用いることができる．こうした，代表的な酸塩基指示薬を表 6.5 に示す．

酸塩基指示薬は，一般に HIn または InOH で表される酸または塩基であり，次のように電離する．

$$\text{HIn} \longrightarrow \text{H}^+ + \text{In}^- \tag{6.22}$$

したがってその平衡は式（6.20）を用いて

$$\text{pH} = \text{p}K_a + \log\frac{[\text{In}^-]}{[\text{HIn}]} \tag{6.23}$$

で表される．

いま In^- は黄色，HIn は赤色を呈するとする．K_a は温度一定の条件で一定であるから，式（6.23）より，pH が変わると $[\text{In}^-]/[\text{HIn}]$ の値が変化し，それに応じて指示薬の色も変化することになる．

ここで $[\text{In}^-]:[\text{HIn}]$ が 1:10 で赤色に見え，10:1 で黄色に見えるものと仮定する．いま指示薬の $\text{p}K_a$ が 5 とすると，赤色に見えるのは，式（6.23）より

$$\text{pH} = 5 + \log\frac{1}{10} = 4$$

以下であり，黄色に見えるのは

$$\text{pH} = 5 + \log\frac{10}{1} = 6$$

以上である．したがって pH が 4 から 6 の間で，赤色から黄色への変色

表6.5 代表的な酸塩基指示薬

指示薬	変色[a]	変色 pH 域
ブロモフェノールブルー	黄 → 青	3.0～ 4.6
メチルオレンジ	赤 → 橙	3.1～ 4.4
メチルレッド	赤 → 黄	4.4～ 6.2
リトマス	赤 → 青	4.5～ 8.3
ブロモチモールブルー	黄 → 青	6.0～ 7.6
フェノールフタレイン	無色 → 赤	8.3～10.0

[a] pH 上昇時の変化．

が起こることになる．このように変色は，指示薬の pK_a に相当する pH の近傍で起こると考えてよい．

　実際の滴定の際にどの指示薬を用いるべきかは，滴定曲線の形によって判断しなければならない．例として，図 6.1 にはフェノールフタレインとメチルオレンジの変色域を示してある．強酸を滴定する場合には，両方の指示薬を使用できるが，弱酸の場合には，フェノールフタレインしか用いることができない．また酸の pK_a が 8 以上になると，滴定曲線の形から見て，いずれの指示薬の使用も不可能になることが理解できる．

━━━━━━━━━━━ 章末問題 ━━━━━━━━━━━

6.1　弱酸であるギ酸 HCOOH の水酸化ナトリウム溶液による滴定について，以下の問いに答えよ．
　　(a) ブレンステッドの酸と塩基，およびルイスの酸と塩基の定義について，それぞれ簡単に説明せよ．
　　(b) 次に示すヘンダーソン・ハッセルバルヒの式を導け．
$$\mathrm{pH} = \mathrm{p}K_a + \log\frac{[\mathrm{HCOO^-}]}{[\mathrm{HCOOH}]}$$
　　(c) 当量点では酸性か，アルカリ性か．また，その理由を共役塩基の反応を用いて述べよ．
　　(d) pH と $[\mathrm{OH^-}]$ の一般的な関係式を示せ．

6.2　固体の $\mathrm{Al_2O_3}$ の表面にも，ルイス酸点とルイス塩基点があるという．また表面には $\mathrm{Al^{3+}}$ と $\mathrm{O^{2-}}$ といったイオンが露出している．これらのイオンはルイス酸点，ルイス塩基点のいずれか．理由とともに述べよ．

6.3　"電離度が大きいものは強酸であり，小さいものは弱酸である" という表現は厳密には正しくない．その理由を述べよ．

第7章　酸化還元反応

　化学反応のタイプが，酸塩基反応と酸化還元反応の二つに大別できることはすでに述べた．
　前章では，電子対の授受を伴う酸塩基反応などについて述べたので，本章では，電子の移動を伴う酸化還元反応について述べることにする．
　さらに酸化還元反応を利用した電池について，その原理だけでなく，実際に身のまわりで実用されているさまざまな種類のものを取り上げて解説する．

7.1　酸化と還元

　本章では酸化と還元について述べていく．そこで，まずはじめに酸化と還元の定義を示しておこう．

酸化とは電子が奪われることであり，還元とは電子が与えられることである．

また酸化剤は電子受容体であり，還元剤は電子供与体である．
　いま，亜鉛 Zn を硫酸銅水溶液 $CuSO_4$ に浸したときの反応を考えよう．このとき亜鉛は溶け，銅 Cu が析出する反応が起こる．すなわち

$$Zn + CuSO_4 \longrightarrow ZnSO_4 + Cu \tag{7.1}$$

あるいは

$$Zn + Cu^{2+} \longrightarrow Zn^{2+} + Cu \tag{7.2}$$

> ### ひとこと　ウバとアタエ
>
> "酸化される"とか"酸化する"とか，"還元される"とか"還元する"とか，あるいは酸化剤とか還元剤とか．
>
> これらを耳にして，いったいどちらの物質が電子を奪うもので，どちらの物質が電子を与えるものなのか，しばしば混乱を生じることがある．これを避けるため，たとえば以下のように記憶しておこう．
>
> すなわち "酸化" を "ウバ（奪）"，"還元" を "アタエ（与え）" と記憶しておくのである．すると "酸化される" は電子が "ウバわれる"，"還元される" は電子を "アタエられる"，"酸化する" は電子を "ウバう"，"還元する" は電子を "アタエる" ということになる．
>
> また酸化剤と還元剤はおのおの "酸化する物質" と "還元する物質" だから，それぞれは電子を "ウバう物質" と "アタエる物質" となる．

と書ける．式 (7.2) からわかるように，Zn は電子を失って酸化され，Cu^{2+} は電子を得て還元されたことになる．このように酸化と還元は通常同時に起こり，こうした反応を**酸化還元反応**という．

なお酸化還元反応は溶液中のイオンに限られたものではなく，固体においても多種多様なものが知られている．たとえば次のような酸化還元反応

$$CuO + H_2 \longrightarrow Cu + H_2O \tag{7.3}$$

では，CuO 中の Cu が還元されているから CuO は還元されたといい，一方の H_2 は酸化されている．

7.2　酸化数

前節で述べたような電子授受の考え方をすべての物質に適用するうえで便利な概念がある．これは**酸化数**と呼ばれ，次のようにして決まる．

> ① イオン結合性の化合物中の単原子イオンの酸化数は，そのイオンの価数に等しい．
>
> 例　　KI　　　　MgO　　　　$CaCl_2$　　　　$FeCl_3$
> 　　　(+1, −1)　(+2, −2)　　(+2, −1)　　　(+3, −1)
>
> ② 共有結合性の化合物では，原子間の共有結合電子対を電気陰性度の大きい原子のほうへすべて与えたときに各原子のもつ価数が，その原子の酸化数に等しい．

> **例**　　H$_2$O　　　　SO$_2$　　　　CO$_2$
> 　　　　(+1, -2)　(+4, -2)　(+4, -2)
>
> ③ 単体中の原子の酸化数はゼロである．
>
> **例**　　H$_2$　　O$_2$　　C　　Mg
> 　　　　(0)　　(0)　　(0)　　(0)
>
> さらに
>
> ④ 酸素原子の酸化数はH$_2$O$_2$とNa$_2$O$_2$（これらの場合は-1）を除いて-2である．
>
> ⑤ 水素原子の酸化数は，非金属原子と結合しているときは+1，金属原子と結合しているときは-1である．

この酸化数を用いれば，ある原子の酸化数が増加したときに〝原子は酸化された〟といい，減少したときに〝還元された〟という．

たとえば酸性溶液中で過マンガン酸イオン MnO_4^- に Fe^{2+} を反応させると Fe^{2+} は酸化されて Fe^{3+} となり，MnO_4^- は還元されて Mn^{2+} となる酸化還元反応が起こる．

$$5Fe^{2+} + MnO_4^- + 8H^+ \longrightarrow 5Fe^{3+} + Mn^{2+} + 4H_2O \qquad (7.4)$$

このとき確かに酸化数について，Fe^{2+} では+2であったのが Fe^{3+} では+3へと増加し，MnO_4^- のMnでは+7であったのが Mn^{2+} では+2へと減少している．

7.3　電　池

酸化還元反応を利用して電流を得る装置を電池という．すなわち，酸化還元反応で授受される電子を外部に取り出して電流を得ようとするのが電池である．言い換えれば，化学反応に伴う自由エネルギー変化を電気エネルギーに変換する装置である．

例としてまず，図7.1に示すようなダニエル電池について考えよう．この電池は図に示すように，亜鉛（Zn）板を硫酸亜鉛（ZnSO$_4$）水溶液に浸し，銅（Cu）板を硫酸銅（CuSO$_4$）水溶液に浸して，この二つの水溶液を素焼き板のような多孔性の隔壁で分けたものである．

このダニエル電池の構造は次のような電池図で表される．

$$Zn|ZnSO_4\|CuSO_4|Cu \qquad (7.5)$$

> **ダニエル電池**
> ダニエル電池は，実際には古典的なもので実用電池ではない．実用電池については7.5節で学ぶ．

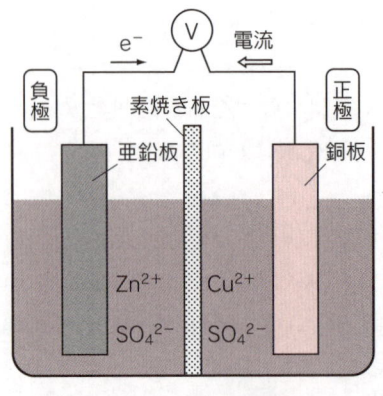

図 7.1 ダニエル電池

あるいは次のようにも書かれる.

$$Zn|Zn^{2+}\|Cu^{2+}|Cu \tag{7.6}$$

ここで垂直線 | と ‖ は相の境界を示している.

銅板と亜鉛板からなる,ダニエル電池の二つの電極を導線でつなぐと,電流は銅極から亜鉛極に向かって流れる.すなわち,電子 e^- は亜鉛極から銅極に向かって流れている.したがって亜鉛極が**負極**,銅極が**正極**となる.負極と正極では,次のような酸化または還元が起こっている.

負極と正極
負極はアノード,正極はカソードとも呼ぶ.

$$\text{負極} \quad Zn \longrightarrow Zn^{2+} + 2e^- \quad (Zn\text{ の酸化}) \tag{7.7}$$

$$\text{正極} \quad Cu^{2+} + 2e^- \longrightarrow Cu \quad (Cu^{2+}\text{ の還元}) \tag{7.8}$$

したがって全体としては

$$\text{全反応} \quad Zn + Cu^{2+} \longrightarrow Zn^{2+} + Cu \tag{7.9}$$

のような**電池反応**が起こっている.

7.4 電池の起電力

電池の起電力
実用電池では〝電池の電圧〟ということが多い.両者は同じである.

電池の**起電力**は熱力学で決まる.ここでは,化学反応のギブズ自由エネルギー変化がポイントになる.

そこで,どのような反応を考えるかといえば,これは,次のような電子のやりとりである.

$$Zn^{2+} + 2e^- \rightleftharpoons Zn \tag{7.10}$$

$$Cu^{2+} + 2e^- \rightleftharpoons Cu \tag{7.11}$$

起電力はこの二つの反応の平衡によって決まり，この二つを組み合わせた式 (7.9) の反応のギブズ自由エネルギー変化 ΔG に支配される．これが起電力 ΔE に相当するわけである．

いま n mol の電子が移動するとき，ΔE と ΔG の間に次の関係が成り立つ．

$$n \Delta E F = - \Delta G \tag{7.12}$$

ここで F はファラデー定数と呼ばれ

$$F = 96485 \text{ C mol}^{-1}$$

である．

実際に電池の起電力を求めるには，表 7.1 に示したような標準電極電位 $E°$ を用いて，すぐに求めることができる．標準電極電位はイオンの還元されやすさ，あるいはイオンへのなりやすさを表すもので，相対的なものである．水素イオンが還元される反応についての値を 0 V としている．

この表 7.1 の値を用いれば，標準状態で温度 25 ℃，イオン濃度 1 mol

表 7.1 標準電極電位 $E°$

電極反応	$E°$/V
$Li^+ + e^- = Li$	-3.05
$K^+ + e^- = K$	-2.92
$Ca^{2+} + 2e^- = Ca$	-2.87
$Na^+ + e^- = Na$	-2.71
$Mg^{2+} + 2e^- = Mg$	-2.34
$Al^{3+} + 3e^- = Al$	-1.67
$Mn^{2+} + 2e^- = Mn$	-1.18
$Zn^{2+} + 2e^- = Zn$	-0.762
$Fe^{2+} + 2e^- = Fe$	-0.44
$Cd^{2+} + 2e^- = Cd$	-0.40
$Ni^{2+} + 2e^- = Ni$	-0.228
$Pb^{2+} + 2e^- = Pb$	-0.129
$2H^+ + 2e^- = H_2$	0.00
$Cu^{2+} + 2e^- = Cu$	$+0.337$
$I_2 + 2e^- = 2I^-$	$+0.53$
$Hg^{2+} + 2e^- = Hg$	$+0.789$
$Ag^+ + e^- = Ag$	$+0.799$
$Cl_2 + 2e^- = 2Cl^-$	$+1.396$
$Au^{3+} + 3e^- = Au$	$+1.50$
$F_2(g) + 2e^- = 2F^-$	$+2.87$

温度 25 ℃，濃度 1 mol L^{-1} の水溶液，および標準気圧 1.01325×10^5 Pa の気体に対する値を示す．

L^{-1} の場合の**標準起電力** $\Delta E°$ は還元側の標準電極電位と酸化側の標準電極電位の差で与えられる．たとえば前節で取り上げたダニエル電池の場合では，式 (7.7) と (7.8) で見たように

酸化 　　$Zn \longrightarrow Zn^{2+} + 2e^-$ 　　　　　　(7.13)

還元 　　$Cu^{2+} + 2e^- \longrightarrow Cu$ 　　　　　　(7.14)

だから，表 7.1 の値を使って標準起電力 $\Delta E°$ が

$$\Delta E° = +0.337 - (-0.762)$$
$$= 1.099 \text{ V}$$

と求まる．

さて上ではイオン濃度が 1 mol L^{-1} の場合のみを扱ったが，次に以下では，任意のイオン濃度における起電力 ΔE について考える．

いま，次の反応を考える．

$$A \rightleftharpoons B \tag{7.15}$$

この反応のギブズ自由エネルギー変化 ΔG は，以下で与えられる．

$$\Delta G = \Delta G° + RT \ln \frac{[B]}{[A]} \tag{7.16}$$

ここで R は気体定数，T は絶対温度，$\Delta G°$ は標準状態における反応のギブズ自由エネルギー変化である．

ところで標準状態を考えたときには，式 (7.12) より

$$n \Delta E° F = -\Delta G° \tag{7.17}$$

が成り立つ．式 (7.17) と (7.12) を式 (7.16) へ代入して

$$-n \Delta E F = -n \Delta E° F + RT \ln \frac{[B]}{[A]} \tag{7.18}$$

これを整理すれば，**ネルンストの式**と呼ばれる以下を得る．

$$\Delta E = \Delta E° - \frac{RT}{nF} \ln \frac{[B]}{[A]} \tag{7.19}^\dagger$$

さて，電池を使用するうちにギブズ自由エネルギー変化 ΔG は小さくなり，ついには $\Delta G = 0$，すなわち平衡に達する．このとき式 (7.16) より

† 電池の正極と負極にそれぞれ 1 mol L^{-1} ずつイオンが含まれていたとすれば
$$\ln \frac{[B]}{[A]} = \ln 1 = 0$$
となり
$$\Delta E = \Delta E°$$
となる．

$$-\Delta G° = RT \ln \frac{[\mathrm{B}]}{[\mathrm{A}]} \tag{7.20}$$

だから，この平衡に達したときの組成は

$$\frac{[\mathrm{B}]}{[\mathrm{A}]} = \exp\left(-\frac{\Delta G°}{RT}\right) \tag{7.21}$$

によって計算できる．

7.5　さまざまな電池

本節では実用になっている，いろいろな電池について述べる．まず表7.2と表7.3に，さまざまな一次電池，二次電池の構成と反応，特徴などをまとめた．

以下で順に，代表的な電池についてそれぞれ見ていく．

> **一次電池と二次電池**
> 一次電池とは使い切るタイプの電池で，二次電池とは充電し，くり返し使用できる電池である．

7.5.1　濃淡電池

これまで，電池の起電力は電池内で起こる化学反応のギブズ自由エネルギー変化によって生じることを見てきた．しかし実際には化学反応が必ずしも起こる必要はなく，ギブズ自由エネルギー変化が利用できさえすればよい．このような原理で，とくに電解質溶液または電極の濃度の差によって起電力を生じる電池を濃淡電池という．

(1) 電解質濃淡電池

同種の金属（M）電極と，その金属イオン（M^{z+}）を含む濃度の異なる溶液からなる濃淡電池を電解質濃淡電池という．電池図を示すと

$$\mathrm{M} | \mathrm{M}^{z+}(a_1) \| \mathrm{M}^{z+}(a_2) | \mathrm{M} \tag{7.22}$$

であり，ここで a_1 と a_2 はそれぞれの活量と呼ばれる量である．それぞれの電極における反応は

正極　　$\mathrm{M}^{z+}(a_2) + ze^- \rightleftharpoons \mathrm{M}$ 　　(7.23)

負極　　$\mathrm{M} \rightleftharpoons \mathrm{M}^{z+}(a_1) + ze^-$ 　　(7.24)

> **活　量**
> 95 ページの傍注を参照のこと．

よって全体としては

全反応　　$\mathrm{M}^{z+}(a_2) \rightleftharpoons \mathrm{M}^{z+}(a_1)$ 　　(7.25)

のような電池反応が起こっている．

表 7.2 一次電池の電池反応のまとめ

電池の種類	電池の構成			電池の電圧 /V	特徴
	正極材料とその反応	負極材料とその反応	電解質		
マンガン乾電池	MnO_2 $MnO_2 + H^+ + e^- \longrightarrow MnOOH$	Zn $Zn + 2NH_4Cl \longrightarrow$ $Zn(NH_3)_2Cl_2 + 2H^+ + 2e^-$	塩化亜鉛, 塩化アンモニウム	1.5	懐中電灯などに使用される最もポピュラーな電池で, 円筒形, 角形などいろいろな形状のものがある.
アルカリマンガン乾電池	MnO_2 $MnO_2 + H^+ + e^- \longrightarrow MnOOH$	Zn $Zn + 2H_2O + 2OH^- \longrightarrow$ $[Zn(OH)_4]^{2-} + 2H^+ + 2e^-$	KOH あるいは NaOH	1.5	乾電池の改良型で作動電圧の安定性および放電持続時間が長く, 携帯機器の電源に使用されている.
水銀電池	HgO $HgO + H_2O + 2e^- \longrightarrow Hg + 2OH^-$	Zn $Zn + 2H_2O + 2OH^- \longrightarrow$ $[Zn(OH)_4]^{2-} + 2H^+ + 2e^-$	KOH あるいは NaOH	1.35	作動電圧, 放電持続時間ともに優れているが, Hg が環境汚染物質であり, 特殊な用途にしか用いられない.
銀電池	Ag_2O $Ag_2O + H_2O + 2e^-$ $\longrightarrow 2Ag + 2OH^-$	Zn $Zn + 2H_2O + 2OH^- \longrightarrow$ $[Zn(OH)_4]^{2-} + 2H^+ + 2e^-$	KOH あるいは NaOH	1.55	小型精密機器の電源に使用されている優れた電池であるが, Ag を使用しているため高価である.
空気電池	O_2 $O_2 + 2H_2O + 4e^- \longrightarrow 4OH^-$	Zn または Al $Zn + 2H_2O + 2OH^- \longrightarrow$ $[Zn(OH)_4]^{2-} + 2H^+ + 2e^-$ $Al + 3OH^- \longrightarrow Al(OH)_3 + 3e^-$	KOH あるいは NaOH	1.3	小型軽量で放電持続時間も非常に大きく, 補聴器の電源として使用されている.
リチウム電池	MnO_2 あるいはフッ化黒鉛 $MnO_2 + Li^+ + e^- \longrightarrow LiMnO_2$ $(CF)_n + nLi^+ + ne^- \longrightarrow C_n + nLiF$	Li $Li \longrightarrow Li^+ + e^-$	非水系溶媒に $LiBF_4$ などのリチウム塩を溶解したもの	3.0	自己放電がほとんどなく長期に安定な作動をする電池であり, カメラ, 電卓など多くの機器において使用されている. コイン形, 円筒形などさまざまな形状がある.
リチウム電池	塩化チオニル $2SOCl_2 + 4Li^+ + 4e^- \longrightarrow SO_2 + S + 4LiCl$	Li $Li \longrightarrow Li^+ + e^-$	同上	3.6	リチウム電池であるが, 活物質に液体 (塩化チオニル) を使用しているため非常に高出力の電池になっている. メモリーバックアップ用などに使用されている.
注水電池	$AgCl$ あるいは $K_2S_2O_8$ $2AgCl + Mg^{2+} + 2e^-$ $\longrightarrow 2Ag + MgCl_2$	Mg $Mg \longrightarrow Mg^{2+} + 2e^-$	海水	1.6 あるいは 2.4	海難救助用の電池として使用されている. 小型で短時間大電流放電が可能な電池である.

表 7.3 二次電池の電池反応のまとめ

電池の種類	電池の構成 [a]			電池の電圧 /V	特徴
	正極材料とその反応	電解質	負極材料とその反応		
鉛蓄電池	PbO_2 $PbO_2 + H_2SO_4 + 2H_3O^+ + 2e^- \rightleftarrows PbSO_4 + 4H_2O$	硫酸	Pb $Pb + H_2SO_4 + 2H_2O \rightleftarrows PbSO_4 + 2H_3O^+ + 2e^-$	2.0	最も安価で代表的な二次電池であり、自動車用の電池あるいは非常用電源用の電池として使用されている。
ニッケル・カドミウム電池	$NiOOH$ $2NiOOH + 2H_2O + 2e^- \rightleftarrows 2Ni(OH)_2 + 2OH^-$	$KOH \cdot LiOH$	Cd $Cd + 2OH^- \rightleftarrows Cd(OH)_2 + 2e^-$	1.3	最も代表的なアルカリ電解液を用いた二次電池であり、高信頼性を要求される用途やヒゲ剃りの電源などに使用されている。しかし環境汚染物質であるCdを使用している。
ニッケル・鉄電池	$NiOOH$ $2NiOOH + 2H_2O + 2e^- \rightleftarrows 2Ni(OH)_2 + 2OH^-$	$KOH \cdot LiOH$	Fe $Fe + 2OH^- \rightleftarrows Fe(OH)_2 + 2e^-$	1.4	ニッケル・カドミウム電池より安価で環境に適合した電池であるが、自己放電が大きくあまり実用されていない。
ニッケル・水素電池	$NiOOH$ $2NiOOH + 2H_2O + 2e^- \rightleftarrows 2Ni(OH)_2 + 2OH^-$	KOH	水素吸蔵合金($LaNi_5$, $ZrMn_{0.5}Cr_{0.2}Ni_{1.2}$, $Ti_{1-x}Zr_xNi$ など) $M + nH^+ + ne^- \rightleftarrows MH_n$ (Mは水素吸蔵合金)	1.35	水素吸蔵合金の使用により、民生用まで使用される電池である。とくに携帯電話やノート型パソコンの電源として使用されているアドバンストタイプの電池である。過充電特性および過放電特性[b]に優れた電池である。
リチウムイオン電池	Li_xCoO_2 あるいは $Li_xMn_2O_4$ など $Li_xCoO_2(n=0.5) + 0.5Li^+ + 0.5e^- \rightleftarrows LiCoO_2$ $Li_xMn_2O_4(n=0.05) + 0.45Li^+ + 0.45e^- \rightleftarrows LiMn_2O_4$	非水系溶媒に $LiBF_4$ などのリチウム塩を溶解したもの	黒鉛(C_6Li_n)など $C_6Li_n(n=1) \rightleftarrows C_6 + Li^+ + e^-$	4.0	携帯電話やノート型パソコンの電源として幅広く使用されている電池であり、現代のIT産業を支える電源である。非常にエネルギー密度が高く、また自己放電も少なく優れた電池である。

a) 右向きの →は放電を、左向きの ←は充電反応を示している。
b) 過充電および過放電とは電池を必要以上に充電したり、放電したりすることで、一般的には電池性能劣化の大きな要因となる。

なお，この電池の起電力 E は

$$E = -\frac{RT}{zF}\ln\frac{a_1}{a_2} \tag{7.26}$$

で与えられる．

(2) 電極濃淡電池

電極濃淡電池には気体濃淡電池やアマルガム濃淡電池がある．

まず気体濃淡電池は，圧力の異なる同種の気体電極を二つ組み合わせたもので，電池図としてはたとえば

$$\text{Pt},\text{H}_2(\text{g},P_1)|\text{HCl}(a)|\text{H}_2(\text{g},P_2),\text{Pt} \tag{7.27}$$

と書ける．ここで P_1 および P_2 はそれぞれの圧力である．このとき電池反応は

$$\text{H}_2(P_1) \rightleftarrows \text{H}_2(P_2) \tag{7.28}$$

と表され，また電池の起電力 E は

$$E = -\frac{RT}{2F}\ln\frac{P_2}{P_1} \tag{7.29}$$

で与えられる．この式 (7.29) から明らかなように $P_1 > P_2$ のとき $E > 0$ となる．

一方，アマルガム濃淡電池は，金属濃度の異なる2種のアマルガムによって構成される．たとえばカドミウム-水銀のアマルガム濃淡電池では，電池図は

$$\text{Cd-Hg}(a_1)|\text{Cd}^{2+}(a)|\text{Cd-Hg}(a_2) \tag{7.30}$$

と書かれ，電池反応は

$$\text{Cd}(a_1) \rightleftarrows \text{Cd}(a_2) \tag{7.31}$$

と表される．

なお現実には，有害物質である水銀の電池としての使用は認められていない．

> **アマルガム**
> 水銀と他の金属との合金をアマルガムという．

7.5.2 マンガン乾電池

1866年にフランスのルクランシェが考案したルクランシェ電池は，負極に亜鉛 Zn，正極に二酸化マンガン MnO_2 を用い，電解液に塩化アン

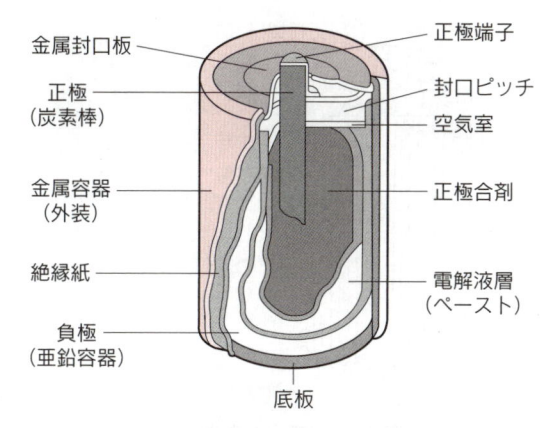

図7.2 マンガン乾電池の構造

モニウム NH_4Cl を使用したものであった．現在，一般に用いられているマンガン乾電池も同じ原理であるが，国内製品の多くは液もれを防ぐために塩化亜鉛 $ZnCl_2$ があわせて用いられており，電池図は次のようになる．

$$Zn|NH_4Cl, ZnCl_2|MnO_2, C \tag{7.32}$$

実際の構造は図 7.2 のように二酸化マンガン（炭素棒）を正極，亜鉛の容器を負極として用いている．それぞれの電極における反応は以下のようである．

正極　　　$MnO_2 + H^+ + e^- \longrightarrow MnOOH$ (7.33)

負極　　　$Zn + 2NH_4Cl \longrightarrow Zn(NH_3)_2Cl_2 + 2H^+ + 2e^-$ (7.34)

またアルカリマンガン乾電池は，マンガン乾電池と電極は同じであるが，電解液に濃厚な KOH 溶液を用いている．電池図は次のようになる．

$$Zn|KOH|MnO_2, C \tag{7.35}$$

現在，このアルカリマンガン乾電池の需要は大きく，マンガン乾電池の全生産量の 50% 以上を占めている．

7.5.3 リチウム電池

負極にリチウム金属を用いた電池を総称してリチウム電池と呼ぶ．正極には二酸化マンガン，フッ化黒鉛などを用い，それぞれ二酸化マンガンリチウム電池，フッ化黒鉛リチウム電池などと呼ぶ．電圧は正極材料にもよるが 3.6 V に達するものもある．電解液には有機電解液を用いている．

リチウム電池
リチウム金属は表 7.1 に示したように $-3.05\,V$ の最も低い標準電極電位をもち，かつ原子量が小さいので，これを用いることによって高エネルギー密度の電池が得られる．

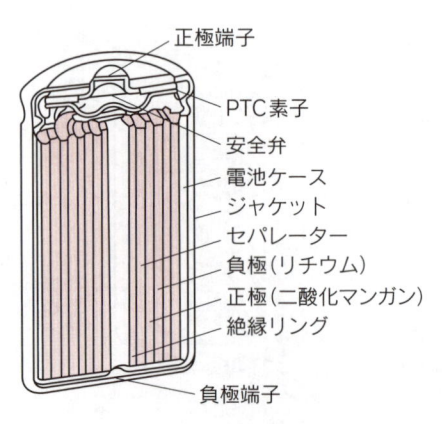

図7.3 リチウム電池の構造

二酸化マンガンリチウム電池（電圧 3.0 V）では，次のような電極反応が起こっている．

$$\text{正極} \quad MnO_2 + Li^+ + e^- \longrightarrow LiMnO_2 \tag{7.36}$$

$$\text{負極} \quad Li \longrightarrow Li^+ + e^- \tag{7.37}$$

実際の電池の構造は図 7.3 に示すように正極，セパレーター，負極を重ね，スパイラル状に巻いたものである．リチウム電池は 1976 年，日本で開発された電池である．

7.5.4 鉛蓄電池

鉛蓄電池は最も古くからある二次電池で，また最も安価であり，自動車用あるいは非常用電源用の電池として使用されている．

鉛蓄電池の正極は PbO_2 で，負極は Pb である．また電解液としては硫酸が用いられている．電圧は 2.0 V である．

電極反応は以下のように書ける．

$$\text{正極} \quad PbO_2 + H_2SO_4 + 2H_3O^+ + 2e^- \rightleftarrows PbSO_4 + 4H_2O \tag{7.38}$$

$$\text{負極} \quad Pb + H_2SO_4 + 2H_2O \rightleftarrows PbSO_4 + 2H_3O^+ + 2e^- \tag{7.39}$$

ここで右向きの $\longrightarrow$ は放電反応を，左向きの $\longleftarrow$ は充電反応を表している．放電時は両極とも硫酸 H_2SO_4 と反応して硫酸鉛 $PbSO_4$ を生成し，充電時は硫酸を放出して二酸化鉛 PbO_2 および鉛 Pb に戻る．

図 7.4 に示した自動車用鉛蓄電池は六つの単電池（セル）からなり，これらを直列に接続して 12 V 型電池を構成している．

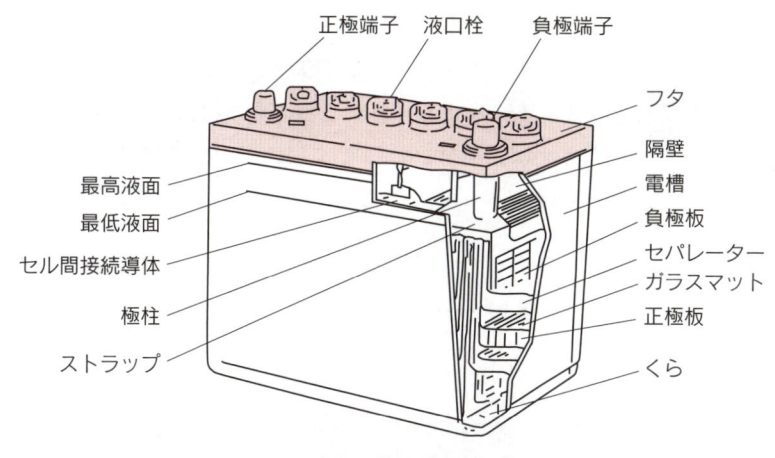

図7.4　自動車用鉛蓄電池の構造

7.5.5　ニッケル・水素電池

ニッケル・水素電池は電解液にアルカリ性水溶液を用いた二次電池で，現在多くの用途で使用されている．

電極反応は次に示す通りである．

正極　　$2\mathrm{NiOOH} + 2\mathrm{H_2O} + 2\mathrm{e^-} \rightleftharpoons 2\mathrm{Ni(OH)_2} + 2\mathrm{OH^-}$　　(7.40)

負極　　$\mathrm{M} + n\mathrm{H^+} + n\mathrm{e^-} \rightleftharpoons \mathrm{MH}_n$　　(7.41)

ただし，ここでMは水素吸蔵合金を表す．

アルカリ電池
電解液にアルカリ性水溶液を用いた電池を広くアルカリ電池と呼ぶことがある．その二次電池としてはニッケル・カドミウム電池，ニッケル・水素電池などがある．

7.5.6　リチウムイオン電池

リチウムイオン電池は電圧が4.0Vと大きく，またエネルギー密度の高いことが特長の二次電池である．現在，ノート型パソコンや携帯電話

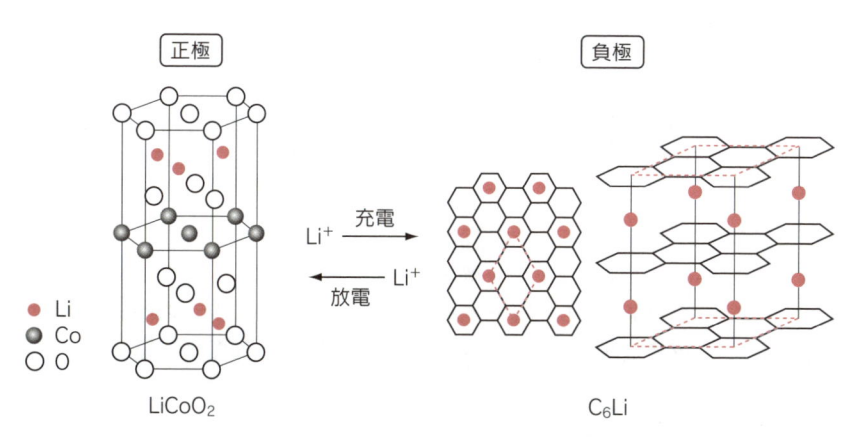

図7.5　リチウムイオン電池の原理
電極におけるリチウムイオン$\mathrm{Li^+}$の出し入れの様子を示す．

の電源として広く普及している.

図 7.5 には原理を示す．電極材料としてリチウム金属を用いるのではなく，リチウムイオン Li^+ を出し入れできるような物質を電極材料として用いている．たとえば正極材料としては $LiCoO_2$ が，負極材料としては C_6Li などが用いられる．

━━━ 章末問題 ━━━

7.1 ダニエル電池の電池図は以下のように表される.

$Zn|ZnSO_4 \| CuSO_4|Cu$

(a) 電池図において中央の ‖ よりも左側および右側で起こる反応をそれぞれ書け．またそれぞれが酸化か還元かを示せ．さらに，この電池の電池反応を書け．

(b) 電池反応のギブズ自由エネルギー変化 ΔG と，電池の起電力 ΔE の間にはどのような関係があるか.

(c) Cu と Zn の標準電極電位はそれぞれ 0.337 V および -0.762 V である．ダニエル電池の標準起電力を求めよ.

(d) この電池が起電力を失ったとき，すなわち $\Delta E = 0$ となったときの電解液の組成比 $[Zn^{2+}]/[Cu^{2+}]$ を計算せよ．なお温度 25 ℃，初濃度は $[Zn^{2+}] = [Cu^{2+}] = 1\ \text{mol L}^{-1}$ とする.

7.2 次の電池図で表される電池

$H_2|HCl|AgCl|Ag$

の電池反応は

$$\frac{1}{2}H_2 \longrightarrow H^+ + e^-$$

である．この電池の起電力 ΔE は次式で表される．

$$\Delta E = \Delta E° - \frac{RT}{F}\ln A$$

ここで $\Delta E° = 0.222$ V，また R を気体定数，T を絶対温度，F をファラデー定数として次の問いに答えよ.

(a) 上式の A にあてはまる式を $[H^+]$ および P_{H_2} を使って書け.

(b) 起電力 ΔE の測定値が 0.385 V であるときの HCl 溶液の pH を求めよ.

7.3 現在，一般に用いられているマンガン乾電池は負極に亜鉛，正極に二酸化マンガンを用い，電解液に塩化アンモニウムと塩化亜鉛のペーストが使用されている．図 7.2 を参考に，以下の問いに答えよ.

(a) 電池図を示せ.

(b) 負極および正極で起こる反応をそれぞれ反応式で書け.

7.4 鉛蓄電池の正極は PbO_2 で，負極は Pb である．また電解液としては硫酸が用いられており，電圧は 2.0 V である．鉛蓄電池の正極および負極での反応をそれぞれ反応式で書け．ところで通常，自動車などに使われる鉛蓄電池の電圧は 12 V である．どのような構造によって，これだけの電圧を得ているか.

7.5 リチウムイオン電池の電池反応について説明せよ.

第Ⅲ部
有機化合物の性質

　現代社会では身のまわりにさまざまな有機化合物があふれている．生体関連物質も有機化合物である．環境や医療関連分野を学ぶ際にも，有機化学の基礎知識を身につけておくことはたいへん重要である．
　高校では，有機化学はとかく"おぼえることが多い暗記物"や"複雑な構造式や反応式がたくさん並ぶ難物"といったイメージが強く，有機化学に苦手意識をもっている人が多いかもしれない．しかし大学では，化学を統一された体系として理解することを心がけたい．
　私たちはすでに第Ⅰ部で，化学結合について学んできた．したがって有機化合物が"いくつかの限られた元素"が"共有結合"によって結びついた物質，すなわち比較的限定された範ちゅうの物質であるということに気がつくだろう．また共有結合が原子どうし，互いの電子を共有して形成される結合であることが理解できれば共有結合の分極，すなわち共有結合の電子の偏りが有機分子の反応性にかかわっていることも理解できるだろう．こうして大学では多くの暗記を必要とすることなく，体系的に有機化合物を眺めるだけでも，かなり多くの化合物の特性や反応について理解できるようになる．
　一方で生命体は，その限られた元素でできている有機化合物から，多彩な機能をもつ生体関連物質や生体分子を生み出して生命体を維持，機能させている．ここでは生体分子に特徴的な立体構造が，大きな役割を担っていることを学ぶことが重要である．
　本書では有機化学をすべて網羅することはできない．第8章で有機化学の基礎を概説し，その後に合成高分子と生体分子について扱うにすぎない．しかしここで学ぶように，大学における体系的な化学のなかで，有機化学の基本的な考え方を身につけておくことは，これからさらに進んだ有機化学が必要となったとき，学習を効率的に進める助けとなるだろう．

第 8 章　有機化学の基礎

　現代の有機化合物の一般的な定義は"炭素の化合物．ただし，二酸化炭素や炭酸塩などの一部の単純な化合物を除く"とされている．すなわち有機化合物は炭素を骨格とした化合物であり，基本元素は炭素Cと水素Hである．そのほかの元素として酸素O，窒素N，硫黄S，リンP，ハロゲンなども含まれるが，地球上に存在する元素のうち，有機化合物を構成する元素はごく限られている．

　しかし，このようなわずかな種類の元素により，生体関連物質から医薬品やプラスチックなどの工業用製品に至るまで，多様な有機化合物がつくられている．

　さて有機化学は，大きくは"構造"と"反応"に分けて考えることができる．"構造"は有機化合物の電子状態を反映し，"反応"は電子の動きに基づく．すなわち有機化学は，有機化合物の電子の振舞いを明らかにする科学であると考えることもできる．

　本章では，大学における有機化学の基礎を学ぶために炭化水素を中心に，有機化合物の電子状態から構造と反応について解説する[†]．

[†] 本書で割愛される炭化水素以外の有機化合物，官能基などについては有機化学の教科書を参照してほしい．

8.1　炭化水素

8.1.1　炭化水素の分類

　炭素Cと水素Hの2種類の元素のみから構成され，すべて共有結合で結びついた有機化合物を炭化水素と呼ぶ．図8.1に示すように，炭化水素は構造から大きく二つのグループ，すなわち脂肪族炭化水素と芳香族炭化水素に分けられる．脂肪族炭化水素のうち，単結合のみをもちC_nH_{2n+2}の一般式で表されるものをアルカンという[†2]．また二重結合をもち一般式C_nH_{2n}の炭化水素をアルケン（あるいはオレフィンともい

[†2] ただし8.1.3項で述べる環状アルカンを除く．

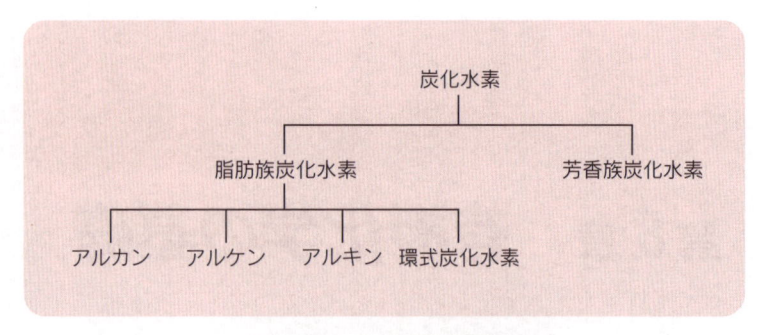

う），三重結合をもち一般式 C_nH_{2n-2} のものを**アルキン**と呼ぶ．二重結合や三重結合をもつ化合物は**不飽和炭化水素**と呼ばれ，後述のように，単結合しかもたない**飽和炭化水素**に比べて一般に反応性が高い．

次項ではまず，炭化水素の結合についての重要事項を述べる．キーワードは **sp 混成軌道**，**sp^2 混成軌道**，**sp^3 混成軌道**，**π 結合**，**σ 結合**などである．これらの言葉の意味はすでに第 2 章で学んだが，いずれも有機化合物の構造と反応性を理解するうえで重要である．

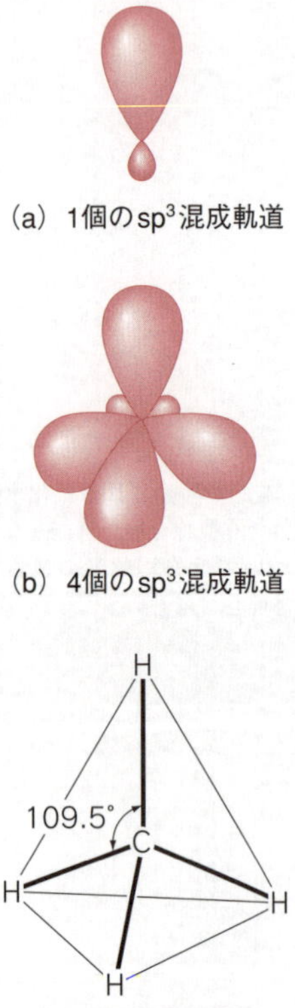

8.1.2　炭化水素の結合様式 ― 混成軌道 ―

単結合，二重結合とは一体どういうものか．また，メタンやエチレンの構造はどのようにして決まるのか．このような問いに答えるためには，まず炭化水素の結合について学ばなければならない．とくに炭素原子の電子の軌道に着目する必要がある．

第 1 章および第 2 章を参照しながら考えてほしい．まず，炭素原子 C の電子配置は次のように書ける．

$$1s^2\, 2s^2\, 2p^2 \tag{8.1}$$

1s 軌道の電子は原子核の最も近くにあり，原子核に強く束縛されているが，2s 軌道と 2p 軌道の電子は 1s 軌道の電子よりも外側に存在しており，原子核による束縛は 1s 軌道の電子よりも弱い．また，原子核による束縛の強さの差は 2s 軌道と 2p 軌道の電子の間では小さい．そのため結合に関与する電子（価電子）は 2s 軌道の電子 2 個と 2p 軌道の電子 2 個の計 4 個となる．これが炭素原子の周りに結合が 4 本ある理由である．

この炭素原子 C が四つの水素原子 H と結合をつくりメタン CH_4 となるとき，C のもつ 1 個の 2s 軌道と 3 個の 2p 軌道が混じり合って 4 個の

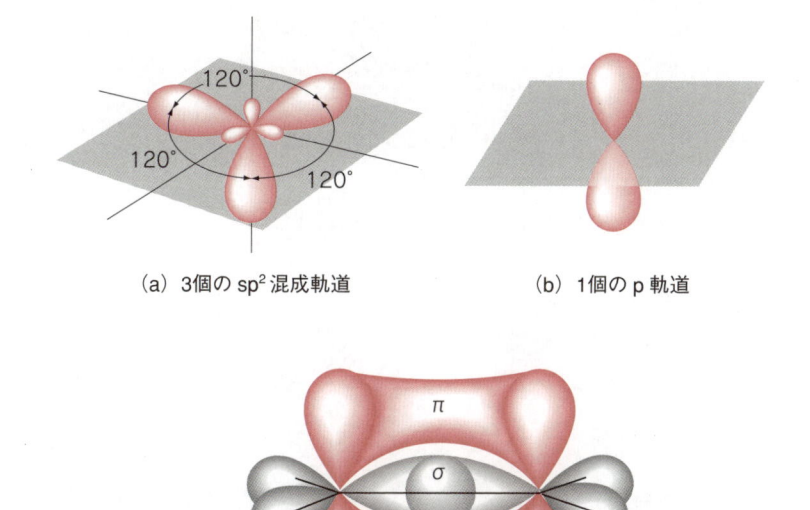

(a) 3個の sp² 混成軌道   (b) 1個の p 軌道

(c) π 結合の形成

図 8.3 sp² 混成軌道とエチレンの分子軌道

sp³ 混成軌道ができる（図 8.2b）．この sp³ 混成軌道を使って H との間にできた C の周りの四つの結合は等価であり，軌道は等方的に広がるので，メタン CH_4 は（c）のような正四面体構造をとる．

ところで炭化水素における C と H の結合は，上に述べた sp³ 混成軌道を使ったものだけではない．

たとえばエチレン C_2H_4 においては，2個の C それぞれにおいて，2s 軌道1個と 2p 軌道2個から，3個の等価な **sp² 混成軌道**ができる（図 8.3a）．軌道は互いに 120° の角度で広がっており，この3個の sp² 混成軌道のうち，1個はもう一方の C との間に共有結合を形成し，他の2個は H との間に共有結合を形成する．

以上述べた結合に C の価電子3個が使われ，これらにおいては原子と原子を結ぶ結合軸上に電子が存在するので，これら三つの結合は **σ 結合**である．

さて残った C の価電子1個は，エチレン分子のつくる平面と垂直な 2p 軌道に入っている（図 8.3b）．この，それぞれの C 上に一つずつある合計2個の価電子によって C と C の間に **π 結合**が形成される†．

したがってエチレン C_2H_4 の C=C 二重結合の1本は σ 結合であり，もう1本は π 結合である．この様子を図 8.3（c）に示す．なおエチレン

† エチレンの 2p 軌道は同じ向きに並んでいる．これにより π 結合ができる．p 軌道の方向が異なる場合は，軌道が重ならず安定な分子軌道は形成できない．

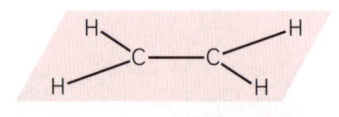

図 8.4　エチレンの平面構造

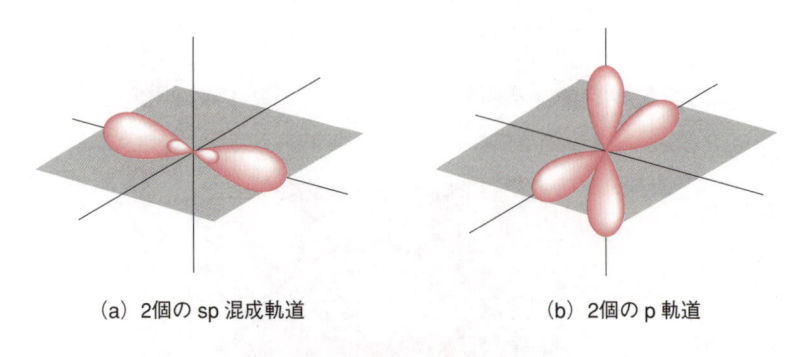

(a) 2個の sp 混成軌道　　(b) 2個の p 軌道

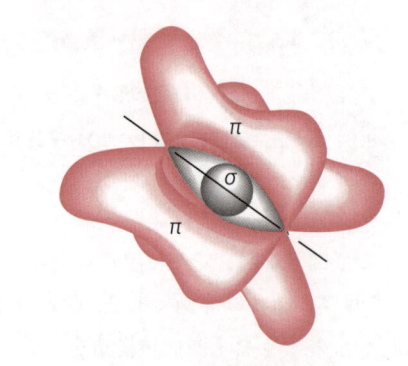

(c) π 結合の形成

図 8.5　sp 混成軌道とアセチレンの分子軌道

では，このπ結合が形成されているのでCとCを結ぶ軸は回転しない．そのためエチレンのCとHは図 8.4 に示すように，すべて同一平面上に存在することになる．

またアセチレン C_2H_2 においては，2個のCそれぞれにおいて，2s 軌道1個と 2p 軌道1個から，二つの等価な sp 混成軌道ができる（図 8.5a）．このときそれぞれのCにおいて 2p 軌道が2個残っている（図 8.5b）．Cの四つの価電子は，これら sp 混成軌道と 2p 軌道の合計四つの軌道に一つずつ入って共有結合に使われる．

すなわち，まずC上の二つの sp 混成軌道のうち，一つはもう一方のCとの間にσ結合を形成し，残る一つはHとの間にσ結合を形成する．そしてそれぞれのC上の 2p 軌道どうしが二つのπ結合を形成する（図 8.5c）．

つまり，アセチレンは構造式で H—C≡C—H と書かれるが，いま C に着目したとき，4本の結合のうち H—C と C≡C 三重結合のうちの1本，合計2本が σ 結合であり，C≡C 三重結合のうちの残りの2本が π 結合ということになる．

なお C と C の間の結合エネルギーは，結合の本数が増えるにつれて大きくなる．すなわち C—C 単結合では 376 kJ mol^{-1}，C=C 二重結合では 611 kJ mol^{-1}，C≡C 三重結合では 835 kJ mol^{-1} で，順に大きくなっている．

8.1.3 環状アルカン

炭化水素には，炭素原子が配列して環を形成しているものもある．これらを一般に環式炭化水素という．環式炭化水素のうち，とくに環状アルカン（環状パラフィンともいう）と呼ばれるものを図 8.6 に示す．

環状アルカンの炭素原子は sp^3 混成軌道をもち，そのため化学的性質も，これまで述べてきたような鎖状アルカンと類似している．しかし図に示すように，シクロプロパンとシクロブタンは，結合角がそれぞれ 60° および 88.5° であり，図 8.2(c) で示したような正四面体の 109.5° から大きくずれている．このためエネルギー的に不安定で，例外的に反応性が高い．

図 8.6 環状アルカンの構造
この図では特別に，手前の CH$_2$ を大きな文字で，奥にある CH$_2$ を小さな文字で描いた．

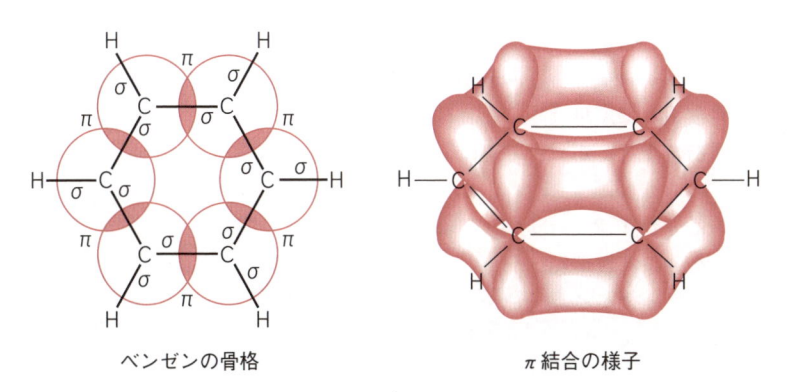

図 8.7 ベンゼンの構造

ベンゼンの骨格　　　　π 結合の様子

8.1.4　芳香族炭化水素

芳香族性を示すような**ベンゼン環**などから構成される炭化水素を総称して**芳香族炭化水素**と呼ぶ．図8.7に示すように，ベンゼン C_6H_6 の炭素原子 C はすべて sp^2 混成軌道をもち，その3本の σ 結合によって平面正六角形の骨格がつくられる．残りの p 軌道はこの環平面に垂直に立ち，これら p 軌道どうしが重なって，分子全体に広がった π 結合をつくっている．このためベンゼンの π 結合は，分子全体に非局在化していると見なされる．

図8.8　二つの極限構造の共鳴と実際の構造

ひとこと．　ヒュッケル則

ベンゼンが共鳴によって安定化していることは 8.1.4 項で述べた．ではほかに，こうした安定な構造をもつ化合物はないのだろうか．

これについて，ドイツの化学者ヒュッケルは以下のような提案を行った．

> **一般に，π 電子が $4n+2$ 個ある環状共役系は安定な構造である．**

これが広義の**芳香族化合物**の定義で，この規則は**ヒュッケル則**（あるいはヒュッケルの $4n+2$ 則）と呼ばれている．ここで共役系とは，単結合と多重結合（二重結合や三重結合など）が交互に並んだ系をいう．

ヒュッケル則においてベンゼンは $n=1$ で，六つの π 電子をもつ場合に当たる．この規則によって，ナフタレンやアントラセンなどといったベンゼンの関連化合物も芳香族性をもつ化合物であることが理解できる（これらを縮合環芳香族炭化水素と呼ぶ）．一方，図1の左端に示したシクロブタジエンや右端のシクロオクタテトラエンはヒュッケル則を満たさず，不安定な化合物である．

芳香族化合物では，分子がつくる平面の上下に，非局在化した π 電子の環状の広がりをもつことで共鳴安定化が起こっている．しかし，平面四角形や八角形構造のシクロブタジエンやシクロオクタテトラエンでは炭素の結合角のひずみがかかっていて，かえって不安定になる．

なおヒュッケル則は，分子軌道法と呼ばれる方法によって理論的にも説明されている．

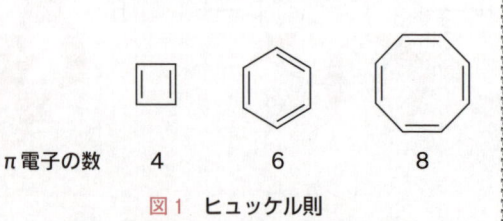

π 電子の数　　4　　　6　　　8

図1　ヒュッケル則

ベンゼンはπ電子をもち，不飽和であるから，反応性に富むと考えるかもしれないが，実際はたいへん安定な化合物である．その安定性は，図8.8に示すような共鳴という考え方によって説明される．

すなわち，実際には存在しない，図8.8(a)と(b)のような二重結合が局在化した二つの極限構造を考え，実際のベンゼンの構造は，この間を行ったり来たりしている（共鳴している）ものと考える．

つまりベンゼンの炭素-炭素結合には単結合と二重結合の区別はなく，(c)で表されるような構造によって分子全体が安定化している（これを共鳴安定化という）と考えるのである†．ベンゼンは，この安定な構造を壊すような反応に対して抵抗を示す．これについては8.3.3項で，あらためて述べる．

π 電子
π軌道の電子をπ電子と呼ぶ．

† 極限構造の分子のエネルギーを計算すると，実際のベンゼン分子のほうが $150\ \text{kJ mol}^{-1}$ も安定になっている．

8.2 有機化学反応

有機化学反応は多種多様で非常に多くの種類があるが，まずここでは有機化学反応について大きく分類して概観する．

さて，これまで述べてきたように，有機化合物はおおむね共有結合によってつくられている．有機化合物の反応は，この共有結合を開裂して，新たな共有結合を形成する反応といえる．

共有結合では，結合電子はいつも2個ずつペアになって一つの結合を形成している．この共有結合の開裂には，この電子対をつくる2電子が，2個と0個に分かれるヘテロリシスと，1個ずつに分かれるホモリシスとがある．ヘテロリシスでは結合開裂によって陽イオンと陰イオンが生成し，ホモリシスでは2個の中性なラジカルが生成する．すなわち

ヘテロリシス

$$A:B \longrightarrow A^+ + :B^- \quad (陽イオンと陰イオンが生成) \quad (8.2)$$

ホモリシス

$$A:B \longrightarrow A\cdot + \cdot B \quad (2個のラジカルが生成) \quad (8.3)$$

である．

結合の生成は開裂の逆反応である．陽イオンと陰イオンが"合体"すれば新しい結合が生成する．一方，2個のラジカルが"合体"すれば電子対ができ，こちらも新しい結合が生成する．

ヘテロリシスとホモリシス
ヘテロリシスは不均等開裂あるいはイオン開裂とも呼ばれ，一方のホモリシスは均等開裂あるいはラジカル開裂と呼ばれる．

ラジカル
ラジカルは遊離基とも呼ばれる．不対電子をもつ化学種のこと．

8.2.1 ヘテロリシス

ヘテロリシスでは，電子2個の電子対からできている中性な結合が，電子を0個もつ陽イオンと電子を2個もつ陰イオンとに分かれる．一方でこの反応と並行し，生成した陽イオンと陰イオンが反応して，新たな結合の生成が起こっていることが多い．

このときの反応は図8.9に示すように，陰イオンBが相手分子Aの電子不足の部位（すなわち，陽性な部分）を攻撃するものと，逆に陽イオンAが相手分子Bの電子豊富な部位（陰性な部分）を攻撃するものの二通りに分けられる．前者を求核反応，後者を求電子反応といい，求核反応を起こす試剤Bを求核試剤，求電子反応を起こす試剤Aを求電子試剤という．

求核試剤および求電子試剤は陰イオンおよび陽イオンだけでなく，そ

求核反応

$$B: \longrightarrow A \longrightarrow B-A$$
求核試剤　　求核攻撃
（電子対の供与）

求電子反応

$$A \longrightarrow :B \longrightarrow A-B$$
求電子試剤　　求電子攻撃
（電子対の受容）

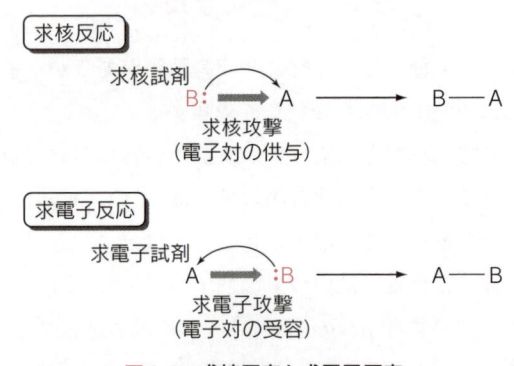

図8.9　求核反応と求電子反応

メタンの塩素化反応

$$CH_4 + Cl_2 \xrightarrow{h\nu} CH_3Cl + HCl$$
メタン　　　　　　　　　クロロメタン

① 塩素-塩素結合のホモリシス開裂

$$Cl-Cl \xrightarrow{h\nu} Cl\cdot + \cdot Cl$$
塩素ラジカル

② 塩素ラジカルによる水素の引抜き

$$CH_3-H + \cdot Cl \longrightarrow \cdot CH_3 + HCl$$
メチルラジカル

③ メチルラジカルによる塩素の引抜き

$$\cdot CH_3 + Cl-Cl \longrightarrow CH_3-Cl + \cdot Cl$$

別のメタンと反応

図8.10　メタンの塩素化反応

れぞれ原子核および電子を求めて反応する化合物も含まれる．第6章で述べた，孤立電子対をもつルイス塩基は求核試剤として働き，ルイス酸は求電子試剤として働く．

8.2.2 ホモリシス

ホモリシスでは結合が開裂すると，電子対として共有結合にあずかっていた2個の電子が1個ずつに分かれてラジカルが生成する．不対電子をもつこのラジカルは化学的に不安定であり，きわめて反応性に富む．このラジカルが反応に関与するラジカル反応はその名の通り速く，時に爆発的に進行する†．

ラジカル反応の例として，たとえば図8.10に示すようなメタンの塩素化反応を考えよう．

メタン CH_4 はアルカン（飽和炭化水素）で，官能基をもたないため化学的に不活性な分子である．しかし塩素共存下で光エネルギーを与えると，比較的容易に塩素化反応が起こってクロロメタン CH_3Cl が生じる．このとき図に示すように，次のような反応が連鎖的に進行している†2．

† ラジカル（radical）とは〝急進的な，過激な〟という意味だから，その名の通り，である．

塩素化反応
これは，いわゆる置換反応の一つである．

†2 このため，とくにラジカル連鎖反応と呼ばれる．

ひとこと フロンによるオゾン層の破壊はラジカル反応

地球をとりまくオゾン層は，太陽光に含まれる有害な紫外光の大部分を吸収し，私たち生物を守ってくれている．近年，このオゾン層が，大気中に放出されたフロンによって破壊されているという環境問題がクローズアップされている．

オゾンは酸素原子三つからなる酸素の同素体（O_3）であり，酸素分子 O_2 に比べて不安定な分子である（この不安定さが生命にとって有害な紫外光を吸収し，紫外光が地上に降り注ぐことを和らげている）．

一方のフロン（一般にはクロロフルオロカーボンという）は，大気中に放出されると成層圏にまで達し，そこで強い紫外光を浴びて塩素ラジカルを生成する．この塩素ラジカルがオゾンと反応し，一酸化塩素と酸素分子を生成し，さらに一酸化塩素が成層圏にある酸素原子と反応して酸素分子を生成するとともに，再び塩素ラジカルを生成する．この塩素ラジカルは連鎖的に反応してオゾンを分解し，酸素に変えてしまう．

以上の反応の様子を図1にまとめた．このように，フロンによるオゾン層の破壊には8.2.2項で示したようなラジカル連鎖反応が関与している．

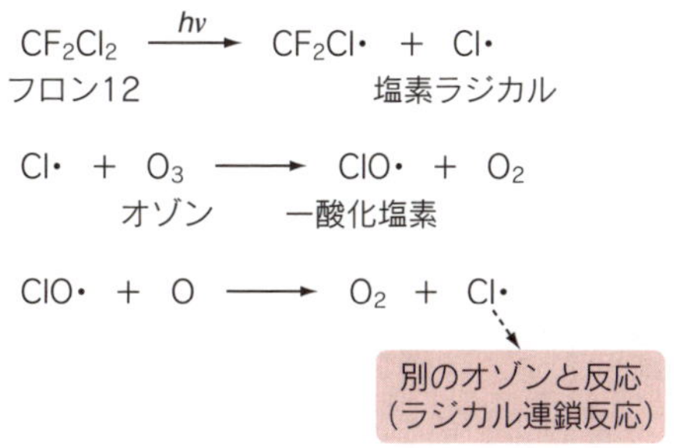

$$CF_2Cl_2 \xrightarrow{h\nu} CF_2Cl\cdot + Cl\cdot$$
フロン12　　　　　　　　　塩素ラジカル

$$Cl\cdot + O_3 \longrightarrow ClO\cdot + O_2$$
　　　オゾン　　　　一酸化塩素

$$ClO\cdot + O \longrightarrow O_2 + Cl\cdot$$

別のオゾンと反応
（ラジカル連鎖反応）

図1　フロンによるオゾン層の破壊

① 塩素分子 Cl_2 が光エネルギーによってホモリシスを起こし，塩素ラジカル $Cl\cdot$ が 2 個生成する．
② 反応性に富む塩素ラジカルがただちにメタンから水素を引き抜き，メチルラジカル $\cdot CH_3$ と塩化水素 HCl を生成する．
③ メチルラジカル $\cdot CH_3$ が塩素分子 Cl_2 を攻撃して，塩素分子のホモリシスを引き起こす．

この反応は一気に進行する．

8.3 炭化水素の反応

炭化水素の反応は，これまで学んできた炭化水素の構造と密接に関係する．いくつか例をあげて眺めてみよう．

8.3.1 アルカンの反応

すでに述べたように，アルカン（飽和炭化水素）は不飽和炭化水素に比べて一般に反応性が低い．これはアルカンが σ 結合だけでできており，またアルカンをつくる炭素原子と水素原子の電気陰性度にあまり大きな差がないため，求核試剤と求電子試剤のいずれもがアルカンと反応しにくいからである．したがって，アルカンの反応は多くの場合に 8.2.2 項で示したようなラジカル連鎖反応が関与したものになる．

では，この事情は，より大きなアルカンでも同様だろうか．

たとえばブタンの塩素化反応を図 8.10 と同様に行った場合には，図 8.11 のように 2 種類のクロロブタンが生成する．この反応では，塩素ラ

$$CH_3CH_2CH_2CH_3 + Cl_2 \xrightarrow{h\nu} CH_3CH_2CH_2CH_2Cl + CH_3CH_2CHClCH_3 + HCl$$

ブタン　　　　　　　　　　　1-クロロブタン　　　2-クロロブタン
　　　　　　　　　　　　　　　実験値 29%　　　　実験値 71%

図 8.11 ブタンの塩素化反応

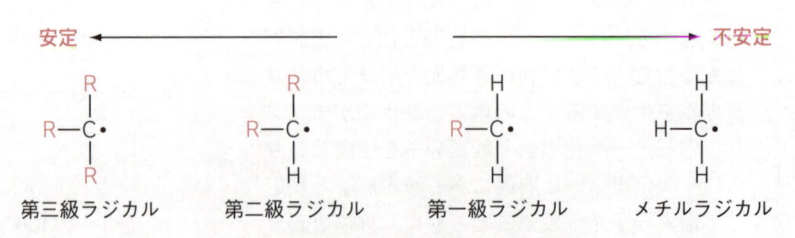

安定 ←　　　　　　　　　　　　　　　　　　　　　→ 不安定

第三級ラジカル　　第二級ラジカル　　第一級ラジカル　　メチルラジカル

図 8.12 アルキルラジカルの相対的安定性

ジカルが水素を引き抜く確率はどの位置でも等しいというわけではなく，内側の炭素メチレン（CH_2）のほうが塩素化されやすい．

　この結果は，アルキルラジカルの安定性と関係している．図 8.12 に示すように，アルキルラジカルは価電子が一つ残った電子欠乏の状態にあり，一方，メチル基などのアルキル基 —R は電子を押し出す性質をもっていて，ラジカル種を安定化させる．したがって，より安定な第二級ラジカルのほうが第一級ラジカルよりも容易に生成することになり，よって，1-クロロブタンよりも 2-クロロブタンのほうが多く生成することになる．

8.3.2　アルケンおよびアルキンの反応

　アルケンの代表的な反応は**付加反応**である．8.1.2 項で述べたように，エチレン $CH_2{=}CH_2$ の二重結合は 1 本ずつの σ 結合と π 結合からできているが，このうちの π 結合は電子の広がりが大きいため，求電子試剤の攻撃を受けやすい．

　たとえばエチレン $CH_2{=}CH_2$ と臭化水素 HBr の反応では，図 8.13 に示すように，まず HBr のヘテロリシスによって生成する H^+ がエチレンに求電子的に付加し，カルボカチオン中間体を与える[†]．そして，この陽イオンが負電荷をもつ臭化物イオン Br^- と反応し，C—Br 結合が生成して臭化エチル CH_3CH_2Br となる．結果のみをまとめれば，次のようになる．

$$CH_2{=}CH_2 + HBr \longrightarrow CH_3CH_2Br \tag{8.4}$$

　エチレン $CH_2{=}CH_2$ は，HBr 以外にも水 H_2O（$H_2O \longrightarrow H^+ + OH^-$ というヘテロリシスが起こる）や硫酸 H_2SO_4（$H_2SO_4 \longrightarrow H^+ + HSO_4^-$）など，いろいろな分子と同様なメカニズムで付加反応を起こすことができる．これらの反応の例を以下に示しておく．

[†] カルボカチオンとは炭素陽イオンのことである．

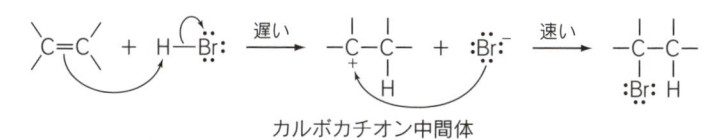

図 8.13　エチレンと臭化水素の反応
エチレンの水素原子は省略して示した．

水の付加反応

$$\mathrm{CH_2\!=\!CH_2 + H_2O \longrightarrow CH_3CH_2OH} \tag{8.5}$$

硫酸の付加反応

$$\mathrm{CH_2\!=\!CH_2 + H_2SO_4 \longrightarrow CH_3CH_2OSO_3H} \tag{8.6}$$

臭素化反応

$$\mathrm{CH_2\!=\!CH_2 + Br_2 \longrightarrow CH_2BrCH_2Br} \tag{8.7}$$

アルキンも，上で見たようなアルケンと同様な反応性を示す．前に述べた図 8.5 からもわかるように，アセチレン $\mathrm{CH\!\equiv\!CH}$ の三重結合の周りには 2 本の π 結合をつくる電子が広がっており，求電子的な付加反応を受けやすい状態にあって，1 回目にとどまらず，2 回目の付加反応も起こりうる．たとえば，以下のような反応が起こる．

ハロゲンの付加反応

$$\mathrm{CH\!\equiv\!CH + 2Cl_2 \longrightarrow CHCl_2CHCl_2} \tag{8.8}$$

ハロゲン化水素の付加反応

$$\mathrm{CH\!\equiv\!CH + 2HI \longrightarrow CH_3CHI_2} \tag{8.9}$$

また，次のようなアセチレンの水和反応では異性化が起こり，アセトアルデヒド $\mathrm{CH_3CHO}$ が得られる．

$$\mathrm{CH\!\equiv\!CH + H_2O\ (\longrightarrow CH_2\!=\!CHOH) \longrightarrow CH_3CHO} \tag{8.10}$$

ただし，この反応は $\mathrm{H_2SO_4}$ と $\mathrm{HgSO_4}$ の存在下で起こる．

8.3.3 ベンゼンの反応

ベンゼンの π 結合の電子はベンゼン環全体に広がって非局在化しているため，アルケンと同じような求電子試剤の攻撃を受けやすい．

一方，すでに 8.1.4 項で述べたようにベンゼンは共鳴安定化されており，図 8.14 に示すように，そのベンゼン環の安定な構造を壊すような付加反応は受けにくく，求電子試剤が付加した位置の $\mathrm{H^+}$ が脱離して，**置換反応**が進行する．

また図 8.15 には，いくつかの代表的なベンゼンと求電子試剤との反応を示す．これらはいずれも置換反応である．

ベンゼンへの 2 回目以降の置換反応には，すでに付加されている置換

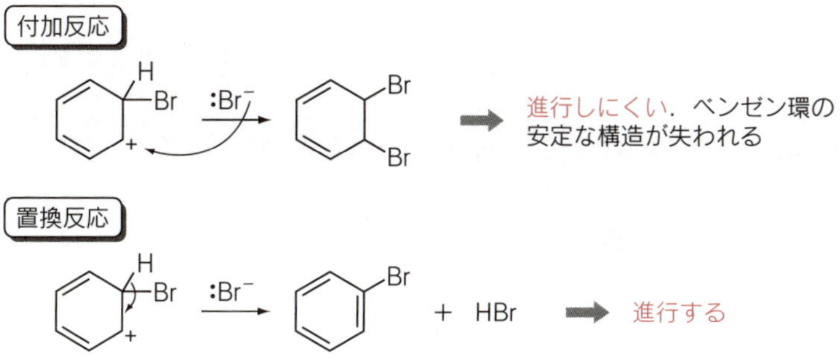

付加反応

図 8.14　ベンゼンの置換反応と付加反応

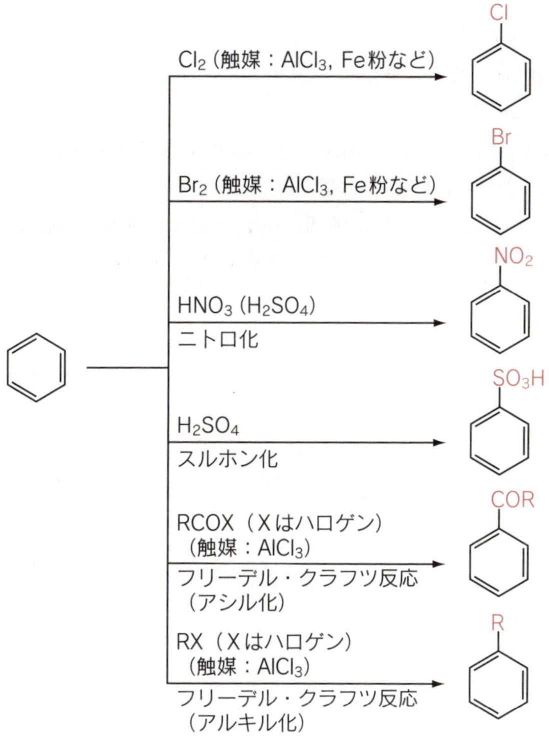

図 8.15　ベンゼンと求電子試剤との反応

基の性質と位置が大きくかかわってくる．これもベンゼン環の安定な構造と密接な関係がある．

章末問題

8.1 エタン，エチレン，アセチレン，ベンゼンの炭素-炭素間の結合エネルギーはどのような序列になるか．エネルギーの小さなものから順に並べよ．

〔**ヒント**：エタンはメタンと同じアルカンで，化学式は C_2H_6 である．〕

8.2 エチレンは平面構造をしており，炭素–炭素軸は回転しない．この理由を上で考えた共有結合の形成の仕方に基づいて簡潔に説明せよ．

8.3 環状アルカンの炭素–炭素間の結合角を表 8.1 に示す．次の問いに答えよ．

表 8.1 炭素–炭素間の結合角

	結合角
シクロプロパン	60°
シクロブタン	88.5°
シクロヘキサン	111.4°

(a) これらの化合物を化学的に安定な順に並べよ．
(b) 上の (a) のようになる理由を sp^3 混成軌道に基づいて説明せよ．

8.4 ベンゼンの極限構造を描き，共鳴の状態を示せ．

8.5 化合物 A:B の結合の開裂について (a) ホモリシスと (b) ヘテロリシスを区別して，反応式で示せ．

8.6 アセチレンが求電子的な付加反応を受けやすい理由を簡潔に説明せよ．

8.7 ベンゼンは (a) 求電子試剤の攻撃を受けやすく，(b) 付加反応ではなく置換反応が進行しやすい．(a) (b) の理由をそれぞれ "非局在化" および "共鳴安定化" というキーワードを使って簡単に説明せよ．

第 9 章　合成高分子

> 高分子とは，分子量が小さいもので数百，大きいものは数百万を超える巨大分子である．合成高分子は合成繊維として衣類などに用いられているほか，包装材や電気器具などのプラスチック，タイヤやホースなどの合成ゴムなども合成高分子であり，現代の生活には不可欠なものとなっている．
>
> ここでは，どのような合成高分子が，どのような反応でつくられているかを解説する．

9.1　高分子の合成

　高分子化合物（すなわち**ポリマー**）は，一般に構造単位のもととなる簡単な低分子化合物（**モノマー**あるいは**単量体**という）が多数，共有結合で連続的につながることによってできる．このように低分子から高分子を生成する合成反応を広く**重合**と呼ぶ．
　重合形式は，大きく**逐次反応**と**連鎖反応**に分類できる[†]．
　逐次反応は，結合で生じる二量体，三量体，さらに任意の x 量体がモノマーと同じ官能基をもち，さらに互いに反応して高分子を形成していく反応である．一般的には

$$M_x + M_y \longrightarrow M_{x+y} \tag{9.1}$$

のように表される．ここで M はくり返し単位もしくはモノマーを示している．
　これに対し**連鎖反応**では，反応の一方は常にモノマーである．

$$M_x{-}M^* + M \longrightarrow M_{x+1}{-}M^* \tag{9.2}$$

[†] 重合形式とは，高分子が生成する反応形式のこと．

連鎖反応では，生長しつつある大きな分子の末端がなんらかのかたちで活性化されており（上の式では，これを M^* で表した），それが次つぎにモノマーと反応を続けることによって高分子を形成していく．

後述のように，逐次反応には反応形式によって，さらに重縮合，重付加，付加縮合などといった分類がある．一方，連鎖反応の代表例としてはビニル単量体が付加反応をくり返す付加重合があげられる．

9.2 連鎖反応

9.2.1 付加重合 ― 連鎖反応による高分子合成 ―

いま原料としてビニル単量体（ビニルモノマーともいう）を考える．図 9.1 に示すように，二重結合をもったこのモノマーが重合していき，炭素鎖が生長して，分子量が何万あるいは何十万にも達するビニル重合体と呼ばれるポリマーができる．図中の n を重合度と呼ぶ．ポリエチレンやポリスチレンなどのプラスチックは，このような付加重合で合成される代表的な合成高分子である．

いくつかのビニル単量体を図 9.2 に示しておく．付加重合で得られるポリマーは一般に "ポリ + ビニル単量体" という名称で呼ばれるから，たとえば図に示したプロピレンを原料にして，付加重合で得られたポリ

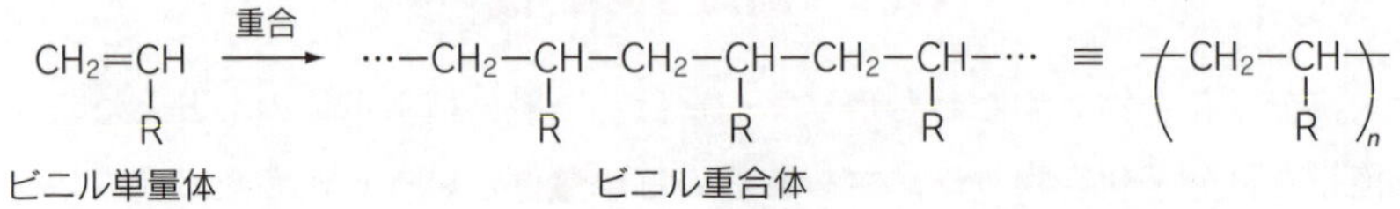

重合体
こうして生成したポリマーをとくに重合体と呼ぶ．モノマーを単量体と呼ぶことに対応している．

ポリ
ポリマーの名称で使われている "ポリ" とは "たくさん" を意味する接頭語である．

$$CH_2=CH\text{-}R \xrightarrow{\text{重合}} \cdots\text{-}CH_2\text{-}CH(R)\text{-}CH_2\text{-}CH(R)\text{-}CH_2\text{-}CH(R)\text{-}\cdots \equiv \text{-}(CH_2\text{-}CH(R))_n\text{-}$$

ビニル単量体　　　　　　　　　　ビニル重合体

図 9.1　付加重合

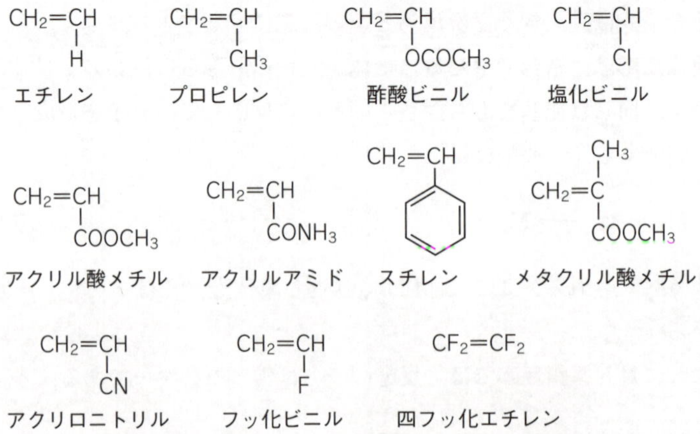

$CH_2=CH\text{-}H$ エチレン
$CH_2=CH\text{-}CH_3$ プロピレン
$CH_2=CH\text{-}OCOCH_3$ 酢酸ビニル
$CH_2=CH\text{-}Cl$ 塩化ビニル

$CH_2=CH\text{-}COOCH_3$ アクリル酸メチル
$CH_2=CH\text{-}CONH_3$ アクリルアミド
$CH_2=CH\text{-}C_6H_5$ スチレン
$CH_2=C(CH_3)\text{-}COOCH_3$ メタクリル酸メチル

$CH_2=CH\text{-}CN$ アクリロニトリル
$CH_2=CH\text{-}F$ フッ化ビニル
$CF_2=CF_2$ 四フッ化エチレン

図 9.2　代表的なビニル単量体およびその類縁体

マーは"ポリプロピレン"と呼ばれることになる．

ところで一般に，付加重合は，次に示す開始反応，生長反応，停止反応および連鎖移動反応の四つの反応からなる．反応には，以下の式中において＊で示す反応活性な生長種が存在し，これが連鎖担体となっている．

連鎖担体
連鎖反応の連鎖をつなぐ物質を連鎖担体と呼ぶ．

開始反応

$$M \longrightarrow M^* \tag{9.3}$$

生長反応

$$\begin{aligned} M^* + M &\longrightarrow M_2^* \\ M_2^* + M &\longrightarrow M_3^* \\ &\vdots \\ M_n^* + M &\longrightarrow M_{n+1}^* \end{aligned} \tag{9.4}$$

停止反応

$$M_n^* + M_m^* \longrightarrow M_{n+m} \tag{9.5}$$

連鎖移動反応

$$M_n^* + A \longrightarrow M_n + A^* \tag{9.6}$$

反応活性な生長種にはラジカル，カチオン（陽イオン），アニオン（陰イオン）がある．この生長種が何であるかによって，図9.3に示すように，反応はラジカル重合とイオン重合に，さらにイオン重合はアニオン重合とカチオン重合とに分けられる．

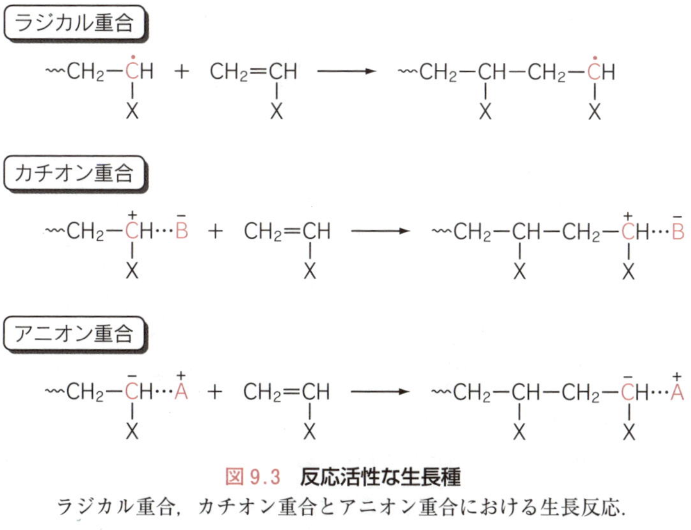

ラジカル重合

～$CH_2-\overset{\cdot}{C}H$ + $CH_2=CH$ ⟶ ～$CH_2-CH-CH_2-\overset{\cdot}{C}H$
    | | | |
    X   X   X   X

カチオン重合

～$CH_2-\overset{+}{C}H\cdots\overset{-}{B}$ + $CH_2=CH$ ⟶ ～$CH_2-CH-CH_2-\overset{+}{C}H\cdots\overset{-}{B}$
    | | | |
    X   X   X   X

アニオン重合

～$CH_2-\overset{-}{C}H\cdots\overset{+}{A}$ + $CH_2=CH$ ⟶ ～$CH_2-CH-CH_2-\overset{-}{C}H\cdots\overset{+}{A}$
    | | | |
    X   X   X   X

図9.3 反応活性な生長種
ラジカル重合，カチオン重合とアニオン重合における生長反応．

前節でも述べたように，反応活性な生長種は分子鎖の末端にあり，それが連鎖的に次つぎとモノマーと反応を続けることによって，高分子が生長していく．この様子を図9.3に示した．

9.2.2 配位重合と立体規則性

適当な遷移金属錯体触媒を用いると，穏和な条件で付加重合が進行して高分子量のポリエチレンが得られる．この様子を図9.4に示した．この場合，分子鎖の末端に結合した遷移金属 M が反応活性な生長種と考えられており，ここにエチレン $H_2C=CH_2$ が次つぎに配位，挿入してポリエチレンが生成する[†]．プロピレンの場合には，結晶性の良いポリプロピレンが得られる．

ビニル単量体から得られるポリマーの代表的な立体構造を図9.5に示す．得られるポリマーの立体的な構造を考えると，（ポリエチレンを除いて）3種類の配列の可能性があることが理解できる．すなわちここで，

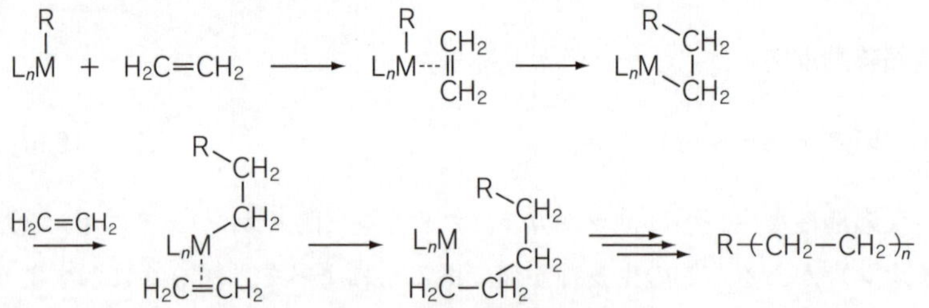

ポリオレフィン

単純なオレフィン（アルケンともいう）から得られるポリマーをポリオレフィンという．ポリエチレンが代表的なものとして知られている．

[†] このような重合をとくに配位重合と呼ぶ．

図9.4 エチレンの配位重合
L は配位子を表す．

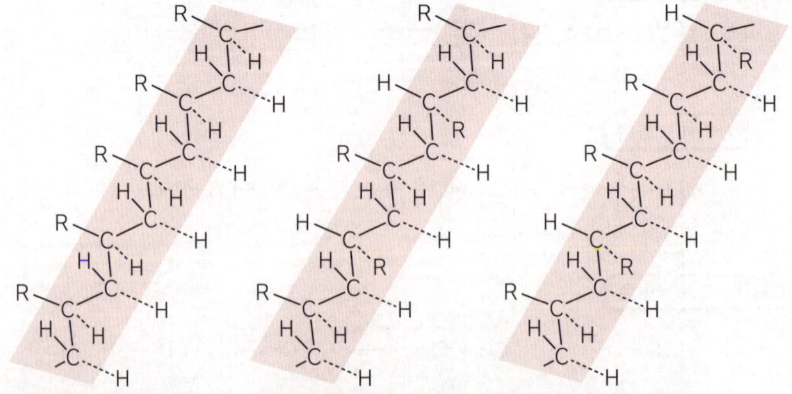

図9.5 ビニル重合体の立体規則性

イソタクチック構造　　シンジオタクチック構造　　アタクチック構造

置換基 —R が炭素鎖に対して同じ向きに規則的に並んだものを**イソタクチック構造**，交互に逆向きに並んだものを**シンジオタクチック構造**，無秩序に配列したものを**アタクチック構造**と呼ぶ．

このような立体規則性は，溶解性や結晶性など，ポリマーを材料として利用する際の諸物性に大きく影響する．

9.3 逐次反応

9.3.1 重縮合

ナイロンやポリエステルなどの合成繊維は，**重縮合**で合成される代表的な合成高分子である．

ヘキサメチレンジアミンとアジピン酸からできるナイロンをナイロン 66 と呼ぶ．基本となる反応は，図 9.6 のようなカルボキシル基 —COOH とアミノ基 —NH_2 の脱水縮合であり，アミド基 —NH—CO— ができて両分子がつながる．このように重縮合では，二つの官能基をもつモノマーが縮合反応を逐次的にくり返すことによって高分子が形成される．

なおナイロン 66 の名前に含まれる "66" の由来であるが，これは図 9.6 に示すように，アミド基の CO 部位と次の CO 部位との間に CO のものも含めて 6 個の炭素原子が，またアミド基の NH 部位と次の NH

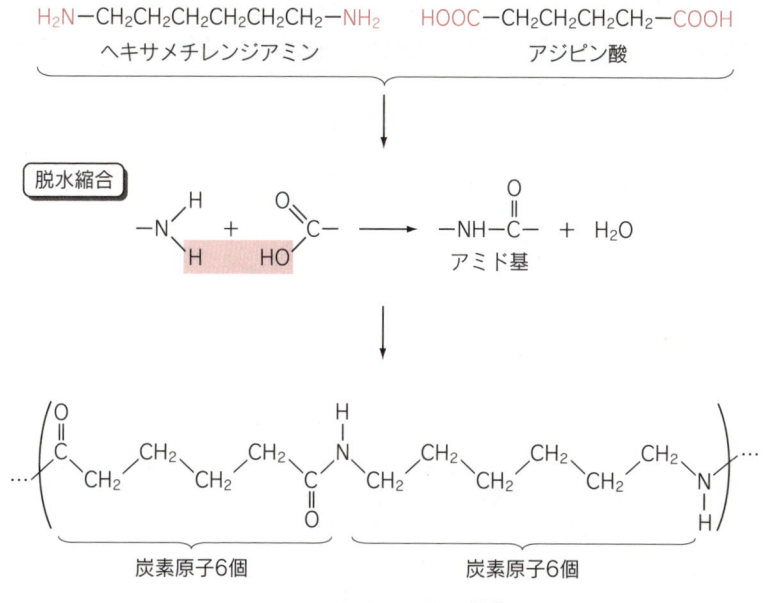

図 9.6　ナイロン 66 の合成

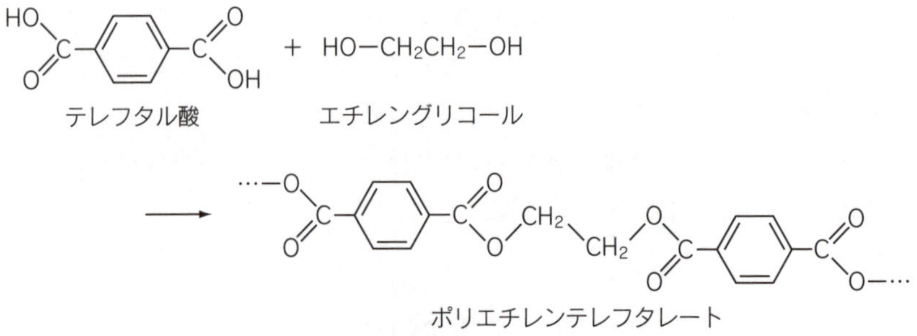

図 9.7 ポリエチレンテレフタレートの合成

部位との間に 6 個の炭素原子が，それぞれ存在することによる．

　ところで，ポリエステルは合成繊維として最も多く使われている合成高分子である．よく耳にする"PET"とはポリエチレンテレフタレート（polyethyleneterephthalate）を略したものであり，テレフタル酸とエチレングリコールから，図 9.7 の反応によって合成される．この反応では，カルボキシル基 —COOH と水酸基 —OH の脱水縮合によってエステル基 —O—CO— ができ，両分子がつながる．

> **水酸基**
> ヒドロキシ基またはヒドロキシル基とも呼ばれる．

9.3.2 重付加

　重縮合では，高分子の生成とともに水のような低分子成分の脱離を伴う．これに対し重付加は，分子間の付加反応のくり返しで高分子を生成する反応である．したがって重縮合と重付加では，高分子生成の段階で脱離成分があるかないかが違うだけで，重付加は，重縮合と同様に考えると理解しやすいだろう．

　重付加の代表的な例としては，図 9.8 に示すジイソシアナートとジオールの反応によるポリウレタンの合成があげられる．

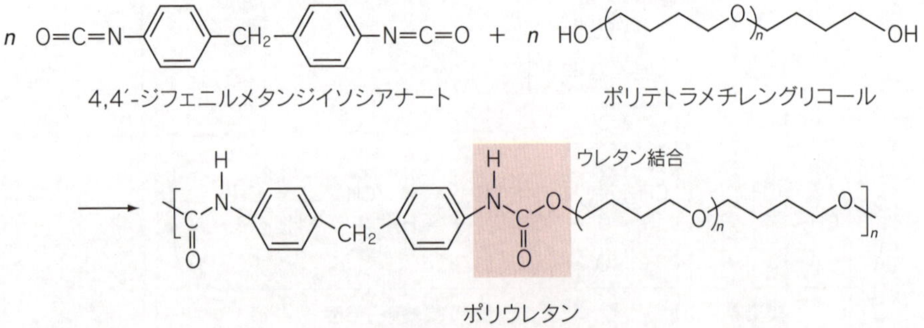

図 9.8 ポリウレタンの合成

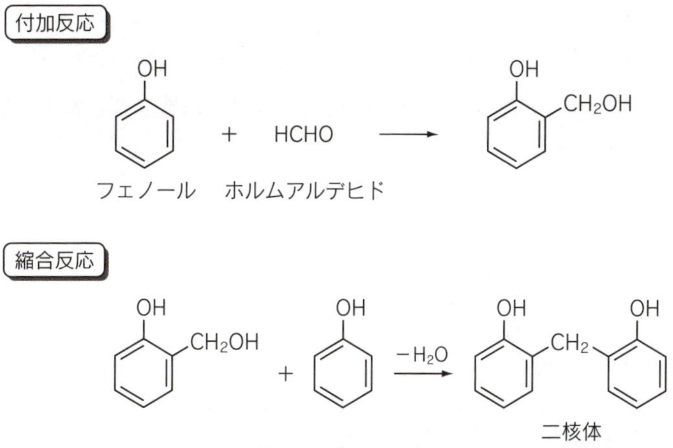

図9.9 フェノール樹脂の合成

9.3.3 付加縮合

ホルムアルデヒドはフェノールのような芳香族炭化水素やアミノ基をもつ化合物と反応して，低分子量の可溶性高分子を生成する．このような樹脂はホルムアルデヒド系樹脂と呼ばれ，フェノール樹脂，尿素樹脂，メラミン樹脂などがある．

このような樹脂の合成反応は付加反応と縮合反応を交互にくり返して逐次的に進み，付加縮合と呼ばれる．フェノール樹脂の例を図9.9に示す．

9.4 身のまわりの合成高分子

一般に合成高分子は用途，形状，特性などによって合成繊維，プラスチック，合成ゴム，接着剤などに分類され，私たちの身近なところで利用されている．

また，合成高分子は合成樹脂と呼ばれることもあり，これは，あたためると軟らかくなる熱可塑性樹脂と，あたためると硬くなる熱硬化性樹脂とに分けることができる．それぞれは使用目的によって使い分けられている．

9.4.1 熱可塑性樹脂

熱可塑性樹脂は，加熱によって溶融し，冷却すると元の固体の状態に戻る．このような性質を熱可塑性という．

熱可塑性を利用することにより，高分子を型の中へ圧入した成型加工

や，繊維への加工が可能になる．ポリスチレン，ポリエステル，アクリル樹脂など多くの一次元合成高分子は，この熱可塑性を示す．

そのほか，ポリ塩化ビニルは建築用途および水道管などに使用される．またポリエステル，アクリル，ナイロンは三大合成繊維と呼ばれ，合成繊維の90％以上を占めている．

9.4.2 熱硬化性樹脂

熱硬化性樹脂としてはフェノール樹脂，尿素樹脂，メラミン樹脂，エポキシ樹脂などがあげられる．

これらは，もともと分子量が小さい（分子量が数百から数千の）高分子からなる第一次樹脂を型の中で加熱，加圧することによって，立体的な網目状の結合が形成されて硬くなる．

一度硬化した熱硬化性樹脂は不溶不融であり，再び加熱しても軟らかくならない．このため食器類，電気機器の基板，テニスラケットなど，熱による変形が望ましくないものに利用される．

9.4.3 合成ゴム

ゴムは，もともと分子の形態変化が起こりやすく，分子間の相互作用が弱い鎖状の高分子でできている．たとえば，ゴムの木から採取したばかりの樹液（化学的には，高分子である cis-1,4-ポリイソプレン）は流動性をもつ．

この流動性を抑えるために，高分子どうしのところどころに結合をつくってやると[†]，小さな力でも大きな変形が起き，一方，力を除くと元の形に戻る，優れた弾性を示すようになる．

代表的な合成ゴムであるスチレン-ブタジエンゴム（SBRと略する）は，硫黄を加えることで，この結合をつくっており，広く自動車のタイヤなどに用いられている．

9.4.4 接着剤

接着剤は物理的もしくは化学的な力によって物と物をつなぐために使われ，硬化することによって，接合に必要な強度を保つことができる．

反応系接着剤には，ポリマーの重合を利用したものが多い．

エポキシ樹脂系接着剤の主成分はエポキシ基を含有する化合物とアミン類や酸無水物などで，これらの重付加と架橋によって硬化させる．

一方，瞬間接着剤のシアノアクリル酸エステルは，少量の水を開始剤としてアニオン重合することで固化，接着する．

[†] これを橋架け，または架橋という．また，この架橋のために硫黄を加えることを加硫と呼ぶ．

9.4.5 機能性高分子

特別な機能をもつ高分子を機能性高分子と総称する．身のまわりで利用されている機能性高分子にはイオン交換樹脂，感光性樹脂，医用高分子，圧電性高分子，導電性高分子など，多彩な種類がある．これらの一例を図 9.10 に示した．

架橋によって不溶となった三次元構造の粒状ポリスチレンに，スルホン基やアミノ基が導入されたものはイオン交換樹脂として，水処理（たとえば純水の製造など）や，医薬品あるいは食品添加剤の分離精製などに広く用いられている．

またイオン性高分子であるポリアクリル酸ナトリウムを架橋によって網目構造にした樹脂は，自重の 10 倍以上の吸水力があり，圧力をかけても離水しにくいため高吸水性ポリマーとして機能し，紙おむつの普及に貢献している．

導電性高分子であるポリアセチレンはアセチレンの重合体であり，これにヨウ素や五フッ化ヒ素などをドーピングすると，金属並みの導電性が現れる．このため，これらは合成金属と呼ばれることがある．

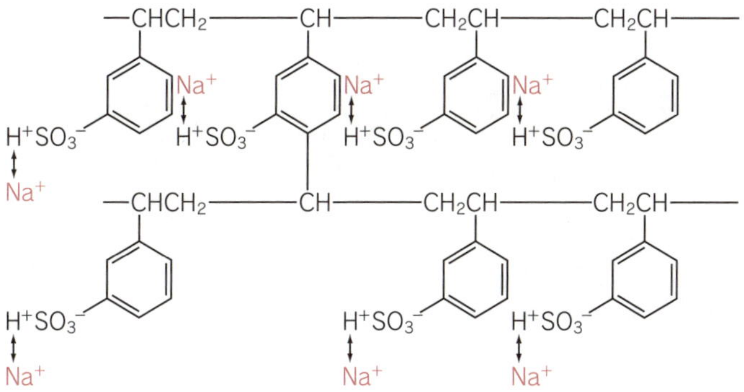

代表的なイオン交換樹脂

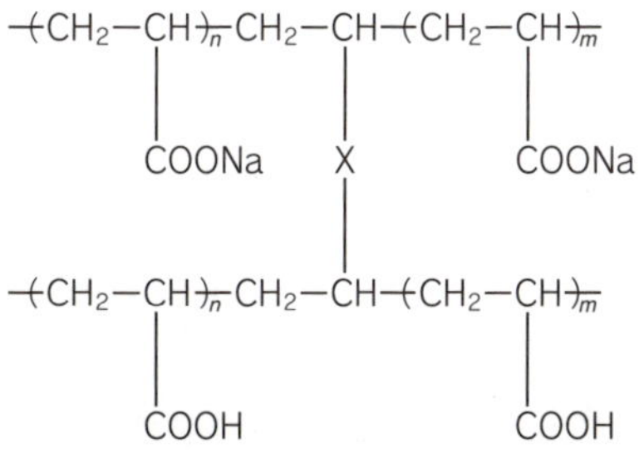

代表的な高吸水性ポリマー

ポリアセチレン

図 9.10　いろいろな機能性高分子

章末問題

9.1 いまモノマーをMと表し（a）逐次反応と（b）連鎖反応を区別して，反応式で示せ．ただし連鎖反応における連鎖担体である反応活性な生長種はM^*と表すこととする．

9.2 連鎖反応は連鎖担体である反応活性な生長種M^*の種類によって3種類に分類される．その3種類のM^*の名称を書け．

9.3 ポリオレフィンの立体規則性を考慮し，イソタクチック構造，シンジオタクチック構造，アタクチック構造の区別を簡潔に説明せよ．

9.4 重縮合と付加縮合の（a）共通点と（b）異なる点を簡潔に説明せよ．

第10章 生体分子と生体反応

　生体をつくる主要な化学物質，すなわち生体分子あるいは生体物質には，生命体の構成物質としての側面と，生命体を維持・機能させる機能物質としての側面がある．また生体物質を分子の大きさの観点から見た場合，多糖類，タンパク質，核酸などのような高分子（生体高分子と呼ばれる）の一群と，単糖類，アミノ酸，ヌクレオチドなどといった低分子に分類することができる．生体高分子は，それぞれが生命活動にとって目的にかなった機能を果しており，生体分子はその機能を支える構造をもっている．

　ここでは，主要な生体物質である糖質，タンパク質，核酸がどのように構成されているのかについて概説する．

　また本章の後半では，生命体が生きていくために，生体分子がどのような働きをしているのかについて，生体内の化学反応の観点から学ぶ．生体物質の機能や役割は多岐にわたっており，実際の生体内での反応についてはまだよくわかっていない点も多いが，本書では生命現象の基本的な反応である，植物の光合成，食物の代謝，DNAとRNAの働きについて概説する．

10.1　セルロースとデンプン

　炭水化物は糖質とも呼ばれ，大きく単糖類と多糖類とに分けられる．多糖類には生体物質の構造を形成する機能と，エネルギーの貯蔵物質としての機能がある．

　多糖類の一つであるセルロースは，天然に最も豊富に存在する生体高分子であり，植物の細胞壁に存在してその構造を維持し，植物体を支える役割を果している．セルロースは図10.1に示すように，β-D-グル

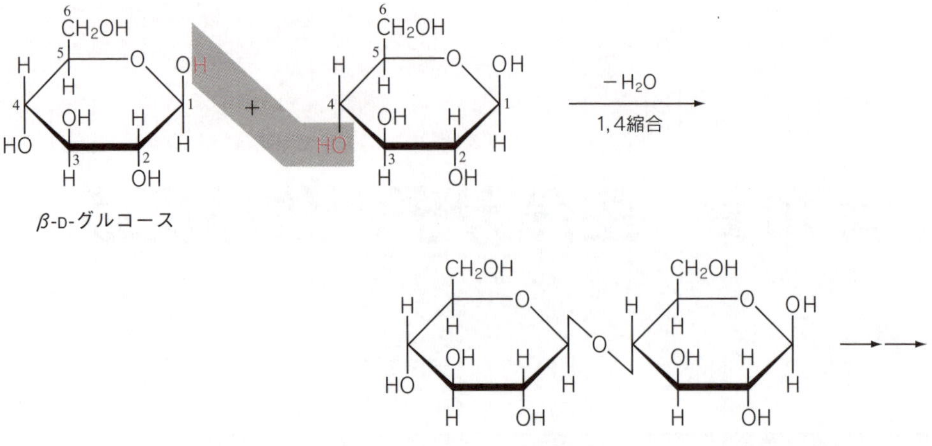

図 10.1 セルロースの生成

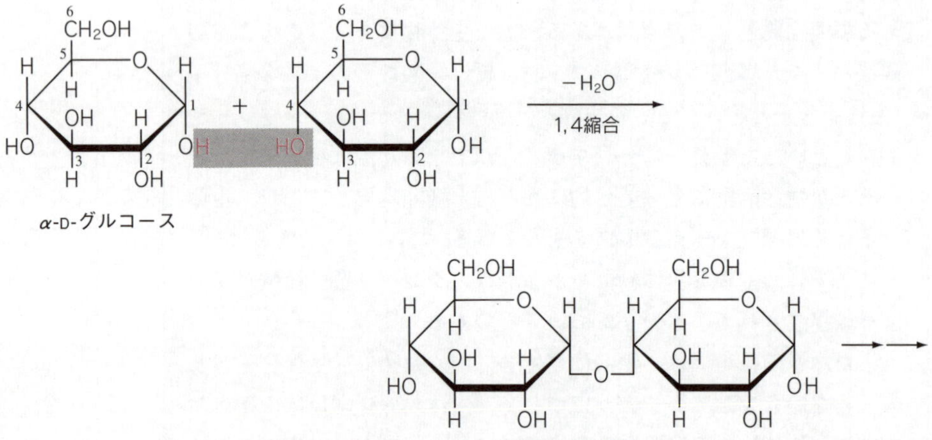

図 10.2 デンプンの生成

コースの1位と4位の2個のOH基が脱水縮合してグリコシド結合により高分子化したものであり，分子量はグルコース単位の重合度にして数千から一万程度といわれている．

生体のエネルギーである ATP（10.4節参照）の生産に使われる糖質はおもに多糖類のグルコースであり，植物中ではデンプンとして貯蔵される．デンプンにはアミロースとアミロペクチンの2種類があり，いずれも α-D-グルコースから構成される．

このうちアミロースは図 10.2 に示すように，α-D-グルコースの1位と4位の2個のOH基が脱水縮合して直線状につながった構造をしている．通常，重合度は40から50である．

一方のアミロペクチンは，一部で α-1,6 結合ができており，枝分れを

ブドウ糖
D-グルコースのことをブドウ糖ともいう．

ひとこと。

グルコースの異性体について

糖質には多くの種類があり，たとえばグルコースは炭素数6の代表的な単糖類である．グルコースをはじめとする糖質には多くの光学異性体が存在するので，それらを区別して表すためのルールが必要になる．

いま，グルコースについて考える．図1を見てほしい．グルコースを立体配座法の図で示したとき，1位の炭素についているOH基が，6位の炭素に結合している置換基に対してトランスの位置にある場合をα，シスの位置にある場合をβとする．

グルコースは，水溶液中では図2に示すようにα-グルコース，β-グルコース，極微量のアルデヒド構造のもの（アルドースという）が平衡混合物として存在している．

一方，DとLは鏡像異性体を区別するために用いられる．不斉炭素が1個の最も単純な単糖類であるグリセルアルデヒドが基準となっている．

いまグルコースを直鎖構造で表すと（アルドースになっていることに注意）図3のようになる．立体的な糖分子の構造を，こうした平面で表す方法をフィッシャーの投影法と呼ぶ．このとき6位のCH_2OH基のすぐ上の5位の炭素についてOH基が右側へ出ているものがD系列であり，左側へ出ているものがL系列となる．自然界にある糖質はすべてD系列である．

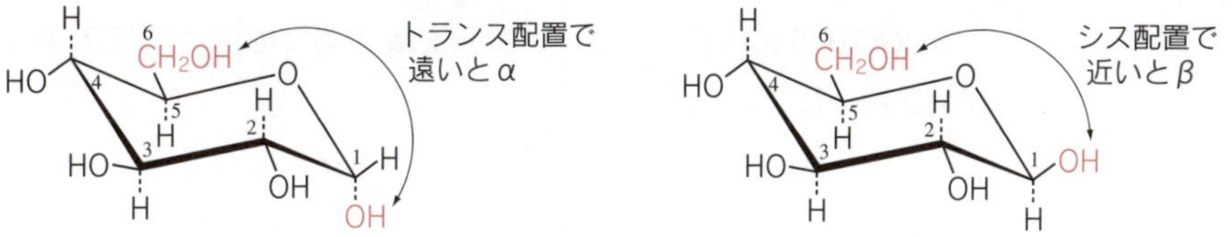

α-グルコース　　β-グルコース

図1　α-グルコースとβ-グルコース

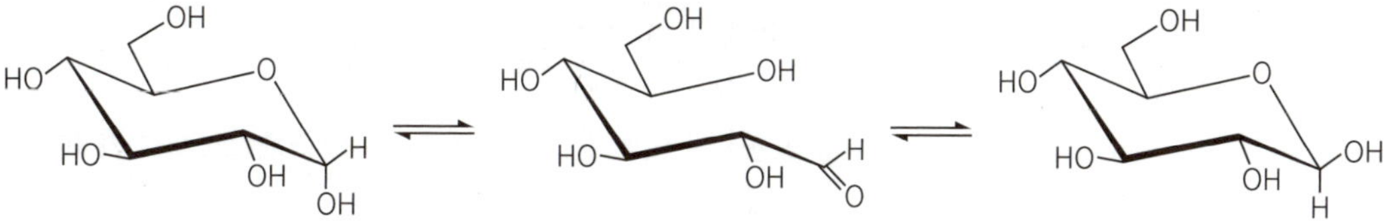

α-グルコース　　アルデヒド構造（アルドース）　　β-グルコース

図2　水溶液中でのグルコース

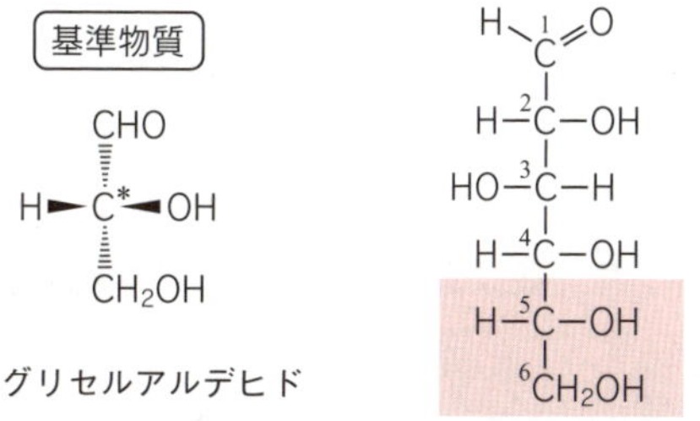

D-グリセルアルデヒド

D-グルコースを直鎖構造で表したもの

図3　フィッシャーの投影法

した構造をしている．分子量はアミロースより比較的大きい．

ところで動物がつくる貯蔵多糖類はグリコーゲンと呼ばれるが，グリコーゲンもデンプンと同様にα-D-グルコースがα-1,4結合でつながった高分子である．しかし，さらに枝分れの多い構造をしている．

なおセルロースは分子間の水素結合によって，シート状になっている．これに対し，直鎖状のデンプン（すなわちアミロース）は水素結合によって，らせん状になっている．

10.2　ペプチド，ポリペプチドとタンパク質

生体細胞の原形質の主要成分であるペプチド，ポリペプチドおよびタンパク質はすべて L-α-アミノ酸が脱水縮合し，図 10.3 に示すようなペプチド結合 —NH—CO— によって高分子化したものである．

L-α-アミノ酸は図 10.4 のような構造になっている．ここで α は，COOH 基に隣接する炭素（これを α 炭素と呼ぶ）に NH_2 基がつくことを意味している．

生体内には表 10.1 に示すような側鎖と呼ばれる —R の部分が異なる 20 種類の L-α-アミノ酸が存在し，タンパク質をつくっている．グリシン以外のアミノ酸では α 炭素が不斉炭素となる．

ところで図 10.5 に示すように L-α-アミノ酸が脱水縮合すると，アミノ酸残基 (—NH—CH—CO—)（R）が構成単位となった高分子ができる．

またアミノ酸から生成する生体高分子は，分子量によって表 10.2 のように分類される[†]．

さて，ペプチドやポリペプチドは生命活動の中枢的な働きをする．たとえばハチの毒はペプチドであり，ヒトインスリンはポリペプチドである．

生体のタンパク質を構成するアミノ酸の結合順序は決まっており，1か所でも違えば異常をきたす．このアミノ酸の配列の順序をタンパク質の一次構造という．分子量の大きなポリペプチドやタンパク質についてアミノ酸の並び方（これをアミノ酸配列という）を表記する場合には，

不斉炭素
分子内で四つの互いに異なる原子や原子団と結合している炭素原子のこと．

[†] ただし表 10.2 では，重合度 n で分子の大きさの違いを表している．

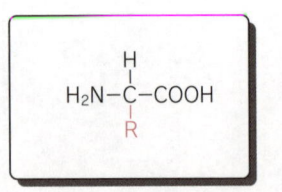

図 10.4　L-α-アミノ酸

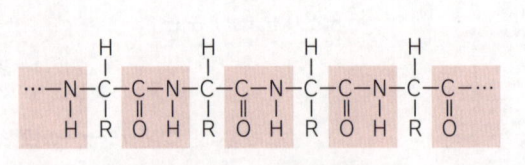

図 10.3　ペプチド結合

表 10.1 タンパク質を構成するアミノ酸

名称（三文字表記）	構造式[a]	名称（三文字表記）	構造式
グリシン（Gly）	H–CH(NH₂)–COOH	セリン（Ser）	HO–CH₂–CH(NH₂)–COOH
アラニン（Ala）	CH₃–CH(NH₂)–COOH	トレオニン（Thr）	CH₃–CH(OH)–CH(NH₂)–COOH
バリン（Val）	(CH₃)₂CH–CH(NH₂)–COOH	アスパラギン（Asn）	H₂N–CO–CH₂–CH(NH₂)–COOH
ロイシン（Leu）	(CH₃)₂CH–CH₂–CH(NH₂)–COOH	グルタミン（Gln）	H₂N–CO–CH₂–CH₂–CH(NH₂)–COOH
イソロイシン（Ile）	CH₃–CH₂–CH(CH₃)–CH(NH₂)–COOH	チロシン（Tyr）	HO–C₆H₄–CH₂–CH(NH₂)–COOH
メチオニン（Met）	CH₃–S–CH₂–CH₂–CH(NH₂)–COOH	システイン（Cys）	HS–CH₂–CH(NH₂)–COOH
プロリン（Pro）	（環状構造）ピロリジン-2-カルボン酸	リシン（Lys）	H₂N–CH₂–CH₂–CH₂–CH₂–CH(NH₂)–COOH
フェニルアラニン（Phe）	C₆H₅–CH₂–CH(NH₂)–COOH	アルギニン（Arg）	H₂N–C(=NH)–NH–CH₂–CH₂–CH₂–CH(NH₂)–COOH
トリプトファン（Trp）	インドール–CH₂–CH(NH₂)–COOH	ヒスチジン（His）	イミダゾール–CH₂–CH(NH₂)–COOH
		アスパラギン酸（Asp）	HOOC–CH₂–CH(NH₂)–COOH
		グルタミン酸（Glu）	HOOC–CH₂–CH₂–CH(NH₂)–COOH

[a] 側鎖を赤で示した．

図 10.5 α-アミノ酸の脱水縮合（タンパク質の生成）

図 10.6 ヒトインスリンの一次構造

α-ヘリックス　　β-シート

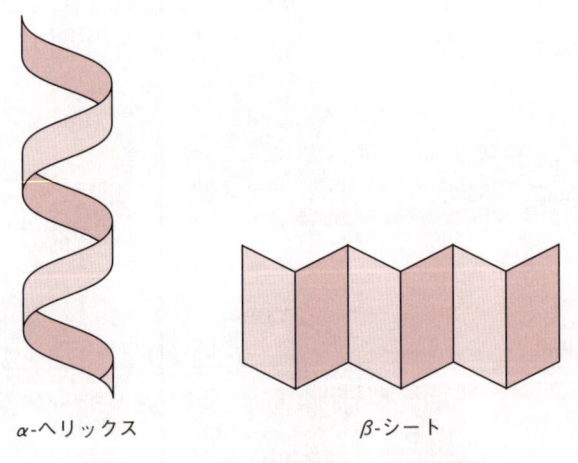

図 10.7 α-ヘリックス構造とβ-シート構造

表 10.2 アミノ酸から生成する生体高分子

名称	重合度
ペプチド	1 から 10
ポリペプチド	10 から 50
タンパク質	50 以上

表 10.1 中に示したような略号を使うことが多い．たとえば，上で例としてあげたヒトインスリンの一次構造は図 10.6 のように表される．

またタンパク質中には，分子内および分子間で生じる水素結合により，α-ヘリックスと呼ばれる右巻きのらせん構造と，β-シートという平面構造をとっている部分がある．図 10.7 に示す，この 2 種類の基本的な立体構造をタンパク質の二次構造と呼ぶ．

図 10.9　**ヘモグロビンの構造**

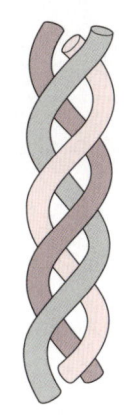

図 10.8　**コラーゲンの構造**

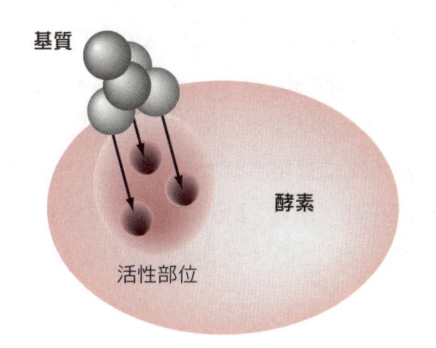

図 10.10　**酵素と基質**

　タンパク質はさらに三次構造，四次構造と呼ばれる特徴的な立体構造を形成することで，多彩な機能を発現する†．

　ところで，タンパク質を形態で分類すると，繊維状タンパク質と球状タンパク質に分けられる．

　繊維状タンパク質とは，おもに構造形成を機能とするタンパク質で，ケラチン（羊毛，爪，羽），コラーゲン（動物の腱），ミオシン（筋肉），フィブロイン（絹糸）などがある．コラーゲンは図 10.8 に示すように，高分子の鎖 3 本が三重らせんをつくっている．

　一方，球状タンパク質にはヘモグロビン（図 10.9．赤血球），ミオグロビン（筋肉）など，多くの機能をもったタンパク質がある．酵素も球状タンパク質に属する．

　酵素は生体内で触媒作用を行うタンパク質で，その触媒作用を受けるものを**基質**と呼ぶ．酵素は球状タンパク質の複雑な三次元構造を利用して，特定の基質だけを選んで作用する．この様子を模式的に図 10.10 に示した．酵素と基質の関係は，鍵と鍵穴の関係によくたとえられる．

† これらの立体構造は，とくにタンパク質の高次構造と呼ばれる．

10.3 核　　酸

遺伝と，細胞内でのタンパク質の合成をつかさどっている核酸は，糖とリン酸とが交互に結合した生体高分子である．この核酸にはリボ核酸（RNAと略す）とデオキシリボ核酸（DNA）の2種類がある．RNAはヌクレオチドが，DNAはデオキシヌクレオチドが縮合し，巨大分子となったものである．

ではまず，核酸の構造単位である，このヌクレオチドとデオキシヌクレオチドについて説明しよう．

ヌクレオチドは，図10.11の（a）で示したリン酸と，（b）で示したリボースと呼ばれる五炭糖，および図10.12で示した塩基から構成されており，これらがたとえば図10.13（a）のように結合してできている．

一方，デオキシヌクレオチドは，図10.11の（c）に示すようなリボースの2位のOH基がHに置換されたデオキシリボースに，リン酸と塩基が，たとえば図10.13（b）のように結合してできたものである．

RNAおよびDNAは，このヌクレオチドおよびデオキシヌクレオチ

核酸塩基
核酸に含まれる塩基には図10.12の5種類があり，それらはすべてNの部位が塩基として働く．

(a) リン酸　　(b) β-D(−)-リボース　　(c) β-D(−)-デオキシリボース

図10.11　核酸に含まれるリン酸，リボースおよびデオキシリボース

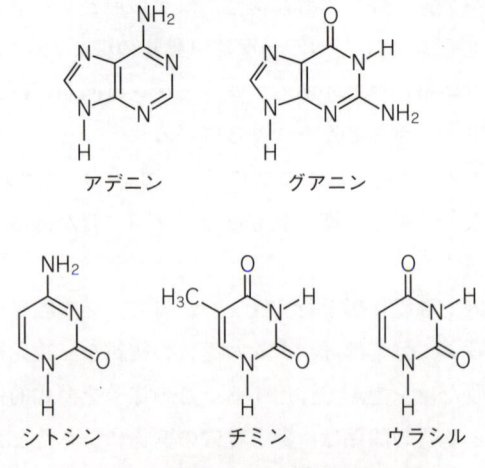

アデニン　　グアニン

シトシン　　チミン　　ウラシル

図10.12　核酸に含まれる5種類の塩基

ドどうしが脱水縮合し，糖の 5′ と 3′ の間でリン酸エステル結合が形成されることによって高分子化したものである．

また RNA と DNA では含まれる塩基に違いがあり，RNA は A，C，G，U の 4 種類の塩基を含み，DNA は A，C，G，T の 4 種類の塩基を含んでいる．

塩基の表し方

後述のように RNA および DNA 中の塩基の配列は遺伝情報と密接な関係にある．この核酸の塩基配列を表記するときには，次の表で示した 5 種類の塩基をアルファベット 1 文字で表した略号を使うことが多い．

アデニン	A
グアニン	G
シトシン	C
チミン	T
ウラシル	U

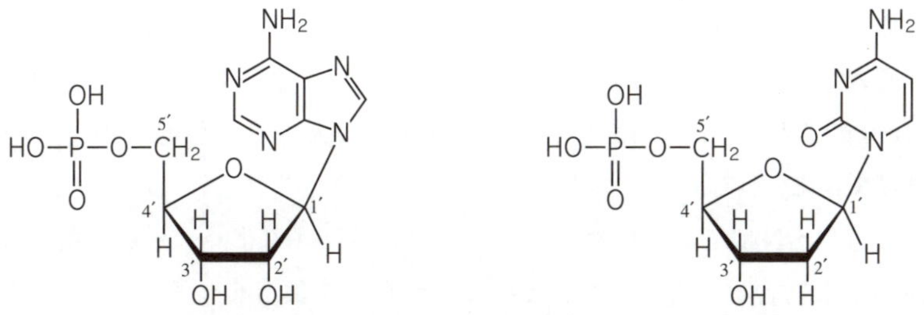

(a) アデノシン5′-リン酸　　(b) 2′-デオキシシチジン5′-リン酸

図 10.13　代表的なヌクレオチドとデオキシヌクレオチド

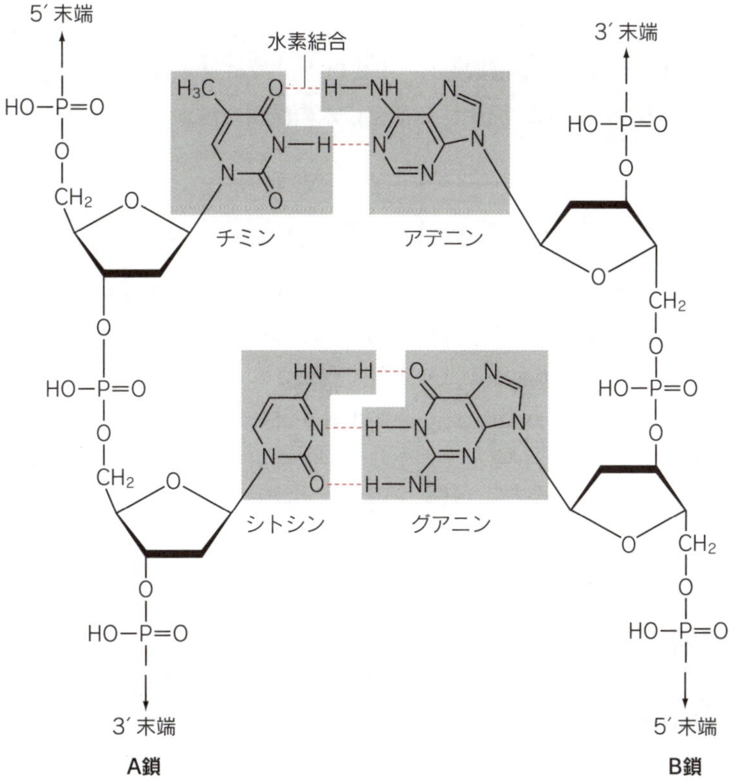

A鎖　　B鎖

図 10.14　DNA の二重らせん構造と水素結合

以上のようにしてRNAとDNAは構成されるが，次に，これらの高次構造を見てみよう．

まずDNAは図10.14に示すように，2本の長鎖が互いに絡みながら二重らせん構造と呼ばれる右巻きのらせん構造をつくっている．この構造には厳密な対応関係があり，二重らせん構造の中央部では互いの塩基の間で水素結合を形成している．DNAに含まれる4種類の塩基の間で水素結合のできる組合せはAとT，およびGとCのみであるとあらかじめ決まっており，これ以外の組合せでは水素結合はつくれない．このようなシステムはDNAの情報伝達において非常に重要な役割を果す（10.6節参照）．なおDNAの分子量は非常に大きく，普通は$10^7 \sim 10^8$程度である．

一方のRNAが二重らせん構造をつくる場合は少ない．しかし塩基の間の水素結合は生じるので，1本の鎖から二次構造をつくる[†]．分子量はDNAより小さく，一般に数万から数百万である．

[†] RNAにおいて水素結合のできる塩基の組合せはAとU，およびGとCである．

10.4 植物の光合成

地球上のすべての生命は光合成に依存している．光合成はおもに太陽からの光エネルギーを吸収して，次式のようにD-グルコース$C_6H_{12}O_6$を合成する反応である．発生する酸素は水の酸素に由来し，これをO^*で表しておく．

$$6CO_2 + 6H_2O^* \longrightarrow C_6H_{12}O_6 + 6O^*_2 \tag{10.1}$$

この反応のギブズ自由エネルギー変化は$\Delta G = +2870 \text{ kJ mol}^{-1}$であり，反応に必要なエネルギーは，図10.15に示す緑色のクロロフィルが光エネルギーを吸収することによって供給される．

さてここで，集められた光エネルギーがどのように使われていくかが問題となるが，光合成には光が関与する明反応と，光とは無関係な暗反応の二つの過程があることはわかっている．

10.4.1 明反応

明反応には二つの段階がある．

まずはじめに光エネルギーを利用し，水H_2Oを酸化して，酸素O_2にする反応が起こる．

$$2H_2O \longrightarrow O_2 + (4H^+ + 4e^-) \tag{10.2}^{[†2]}$$

[†2] この反応式からも，光合成で発生する酸素が水に由来することがわかる．

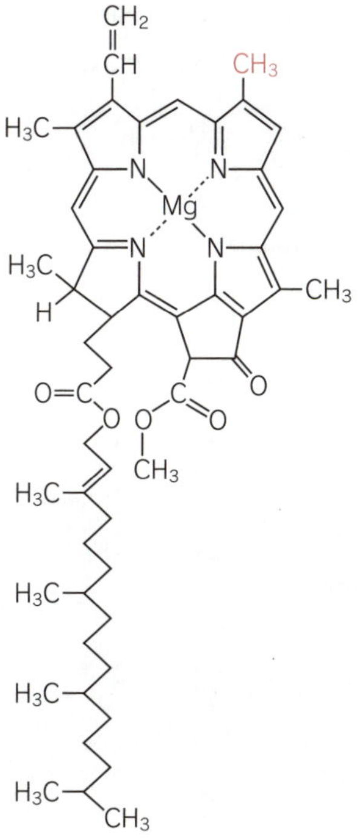

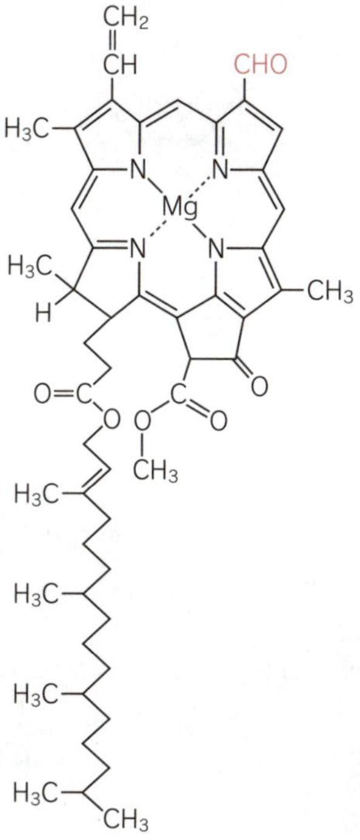

図 10.15 クロロフィル
クロロフィル a と b では赤字の部分のみが異なっている.

一方,二酸化炭素 CO_2 から D-グルコースをつくる反応は還元なので,還元剤が必要である[†].明反応のもう一つの役割は,この CO_2 の還元に必要な還元剤とエネルギー源をつくり出すことにある.

ここでは NADPH が還元剤であり,ATP がエネルギー源となる[†2].この NADPH と ATP をつくり出すそれぞれの反応は

$$NADP^+ + H^+ + 2e^- \longrightarrow NADPH \tag{10.3}$$
$$ADP + Pi \longrightarrow ATP \tag{10.4}$$

である.ここで Pi は無機リン酸を表す.

NADPH はニコチンアミドアデニンジヌクレオチドリン酸という物質で,その構造を図 10.16 に示した.式 (10.3) の反応は図 10.17 のように表され,図の中で赤く網掛けされた部分が水の光分解 (10.2) で得られた H^+ と e^- によって還元され,変化していることがわかる.

一方の ATP はアデノシン 5′-三リン酸という物質で,図 10.18 に構造を示したように,ヌクレオチドにさらに 2 個のリン酸が縮合して三リン

[†] この反応は次項で述べる暗反応において起こる.

[†2] ここで現れた NADPH と ATP については,すぐ後でくわしく述べる.

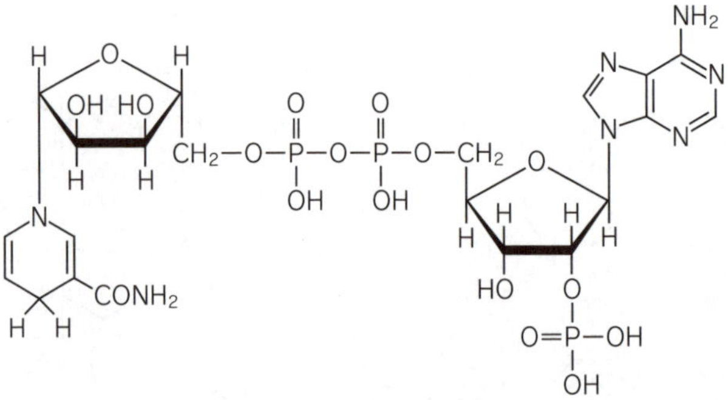

図 10.16 **NADPH**

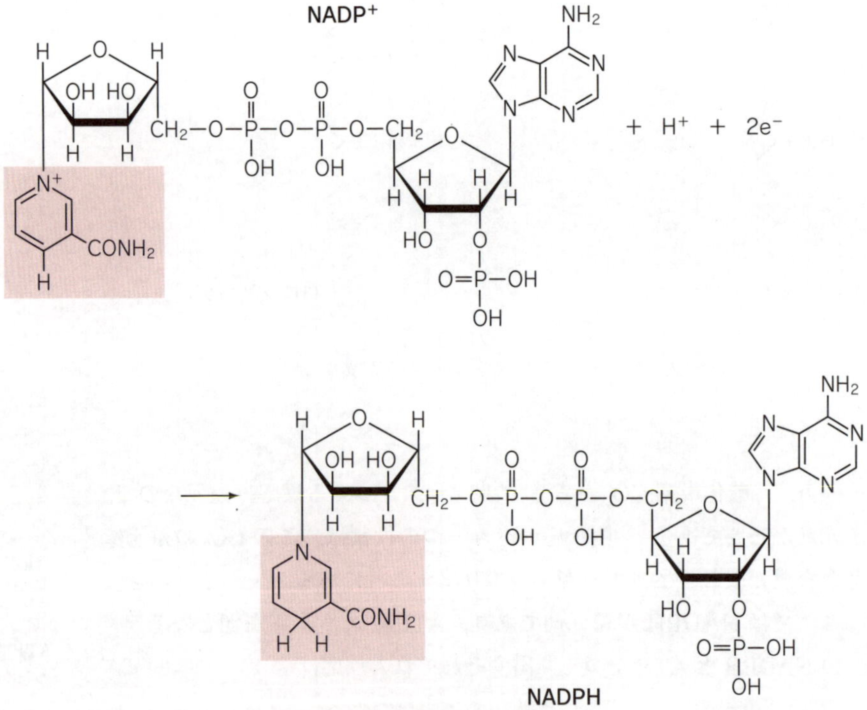

図 10.17 **NADPH の生成**

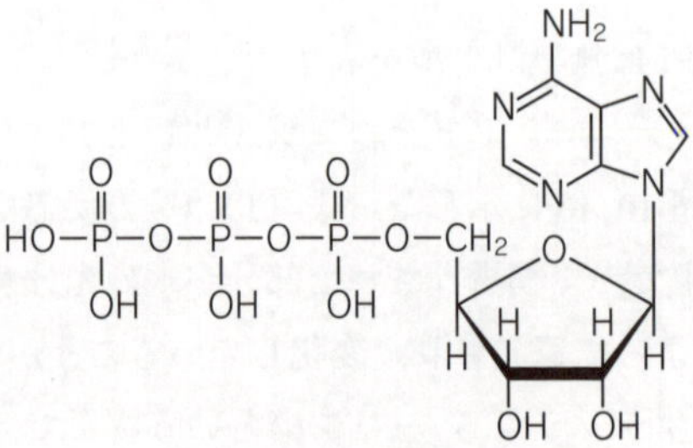

図 10.18 **ATP**

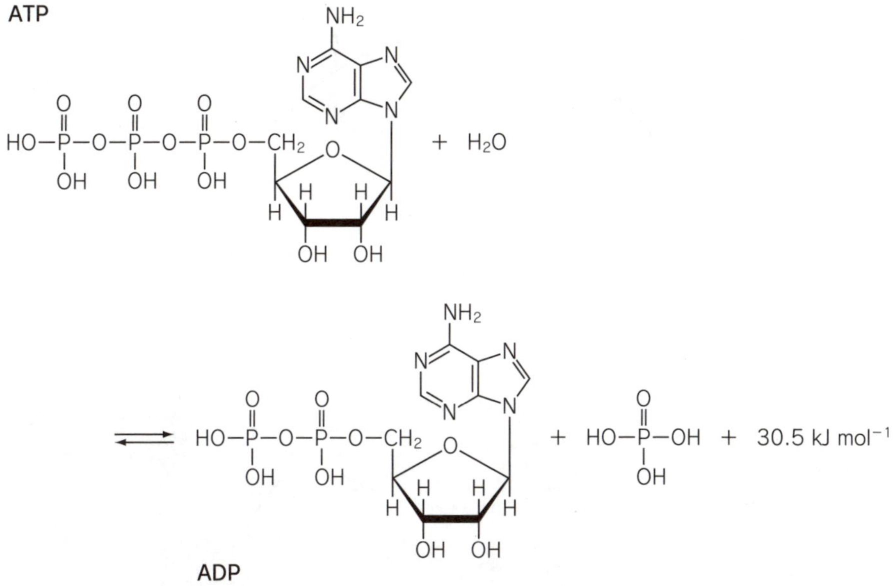

図 10.19 ATP の加水分解反応

酸となったものである．ADP（アデノシン 5′-二リン酸）とは図 10.19 のような可逆反応で結ばれており，リン酸を放出して ADP になる際に $30.5\,\mathrm{kJ\,mol^{-1}}$ のエネルギーを出す．生命体はこの可逆反応を利用して得たエネルギーを蓄積したり，酵素反応のためのエネルギーとして消費したりしている．

10.4.2 暗反応

もう一方の暗反応と呼ばれる過程では，光エネルギーは関与しない．暗反応では明反応で合成された NADPH を還元剤として，また ATP をエネルギー源として，次式のように二酸化炭素 CO_2 から D-グルコース $C_6H_{12}O_6$ を合成する．

$$6CO_2 + 12NADPH \longrightarrow C_6H_{12}O_6 + 12NADP^+ \qquad (10.5)$$

NADPH 自身は酸化されて $NADP^+$ になる．

ただし実際の反応は非常に複雑であり，複数の酵素反応が関与している．図 10.20 に示すカルビンサイクルと呼ばれる反応システムを経由して，さまざまな反応をくり返しながら CO_2 がグルコースに変化していく．

ここで CO_2 を有機化合物に取り込む反応（カルボキシル化反応という）だけを取り出してみると図 10.21 のように書ける．酵素反応によっ

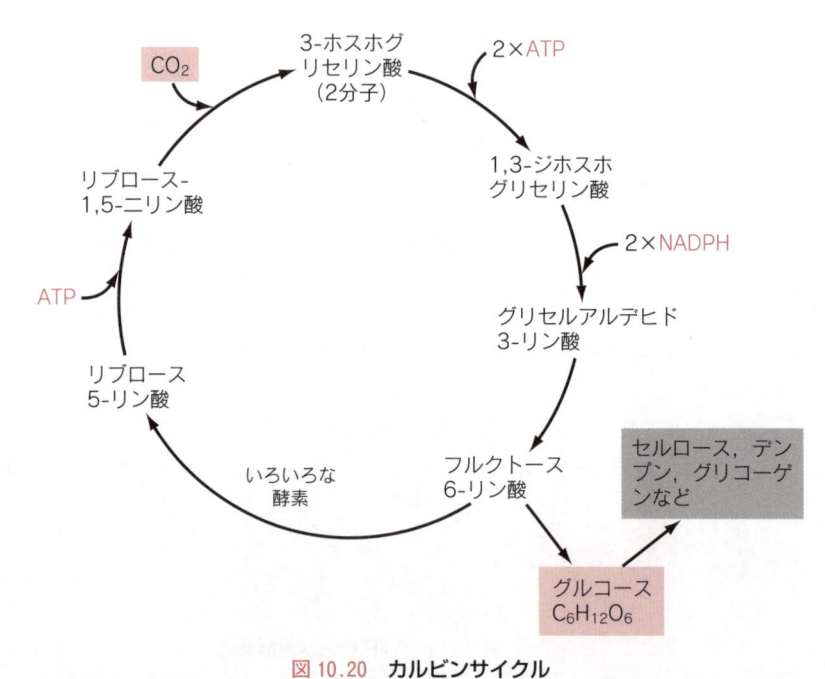

図 10.20 カルビンサイクル
〔井本稔，岩本振武著，『化学 — その現代的理解 —』，東京化学同人（1988）より改変〕

図 10.21 カルビンサイクルにおけるカルボキシル化反応

てリブロース-1,5-二リン酸がカルボキシル化されて2分子の3-ホスホグリセリン酸が生成する．この反応では，リブロース二リン酸カルボキシラーゼという酵素が触媒として働いている．

10.5 食物の代謝

代謝とは，細胞，組織および器官などの中で起こっているすべての化学的変化および物理的変化の総称である．したがって代謝には本来，方向の異なる二つの過程があり，一つは体外から取り入れた物質を分解す

10.5 食物の代謝 ● 191

細胞内で

胃や腸などで

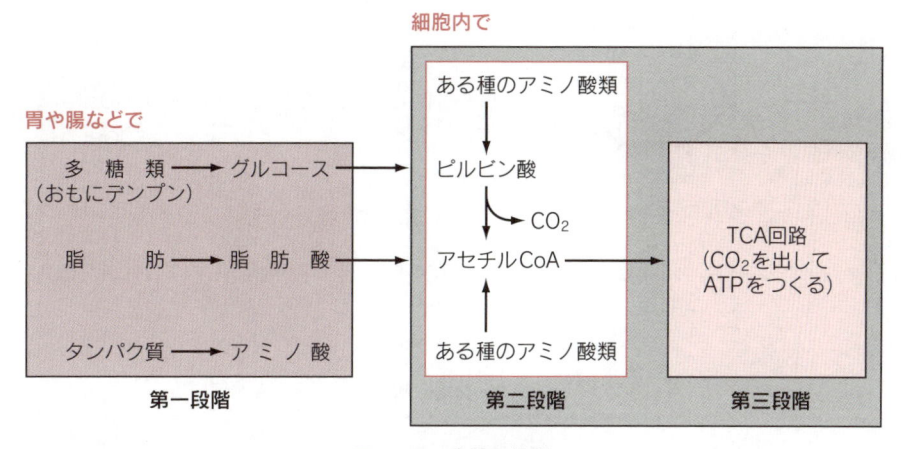

```
多 糖 類 ──→ グルコース ─┐    ある種のアミノ酸類
（おもにデンプン）        │         ↓
                        ├──→   ピルビン酸
脂   肪 ──→ 脂 肪 酸 ─┤         │ ↘ $CO_2$         TCA回路
                        │         ↓                （$CO_2$を出して
タンパク質 ──→ アミノ酸 ─┘   アセチルCoA ──→      ATPをつくる）
                                  ↑
                            ある種のアミノ酸類
```

　　　第一段階　　　　　　　　　　第二段階　　　　　　　　第三段階

図 10.22　食物の代謝

ることによってエネルギーを得る過程，もう一つはエネルギーを使って新たな物質を合成する過程である．ともに代謝であるが，とくに前者を**異化**，後者を**同化**と呼ぶ．ここでは，動物が食物を摂って分解する代謝の過程，すなわち異化について見ていくことにする．

　では，図 10.22 を見てほしい．ここに示した第一段階は，胃や腸などでの食物の分解過程であり，デンプンや脂肪，タンパク質などの高分子は胃や腸で分泌される酵素の働きによって低分子へと分解され，はじめて腸壁を通過できるようになる．続く第二および第三段階は細胞内での反応である．

　たとえばグルコースは以下の経路で分解され，最後に CO_2 になる．

　　　グルコース ──→ ピルビン酸 ──→ アセチルCoA ──→ CO_2

あらためて示せば図 10.23 のようになる．この図のようにグルコースの代謝で生成するピルビン酸は，ピルビン酸デヒドロゲナーゼという多機能酵素の働きにより補酵素 A のシステイン CoA-SH の SH 基に結合し，これが NAD^+ を還元して NADH とアセチル CoA を生成すると同時に CO_2 を排出する[†]．

　アセチル CoA は細胞の中で，図 10.24 に示す **TCA 回路**（トリカルボン酸回路もしくはクエン酸回路ともいう）と呼ばれる多段階の反応システムに入り，アセチル基 CH_3CO- が CO_2 にまで酸化されて大きなエネルギーを出す．この過程で NADH などの還元補酵素と，GTP といった高エネルギー分子がつくられる．むろん，いずれの反応過程においても酵素が触媒となる．

　もし酸素 O_2 を利用できれば，グルコース $C_6H_{12}O_6$ は最終的に二酸化

[†] この反応を酸化的脱炭酸反応という．

GTP
GTP とはグアノシン三リン酸のことで，これは ATP と相互変換可能な分子である．

デンプンや
グリコーゲン → グルコース6-リン酸 → (2分子を生じる) → ピルビン酸

$H_3C-C(=O)-COOH + CoA-SH + NAD^+ \longrightarrow H_3C-C(=O)-S-CoA + NADH + H^+ + CO_2$

ピルビン酸　　　　　　　　　　　　　　　　アセチルCoA

図 10.23　グルコースの分解

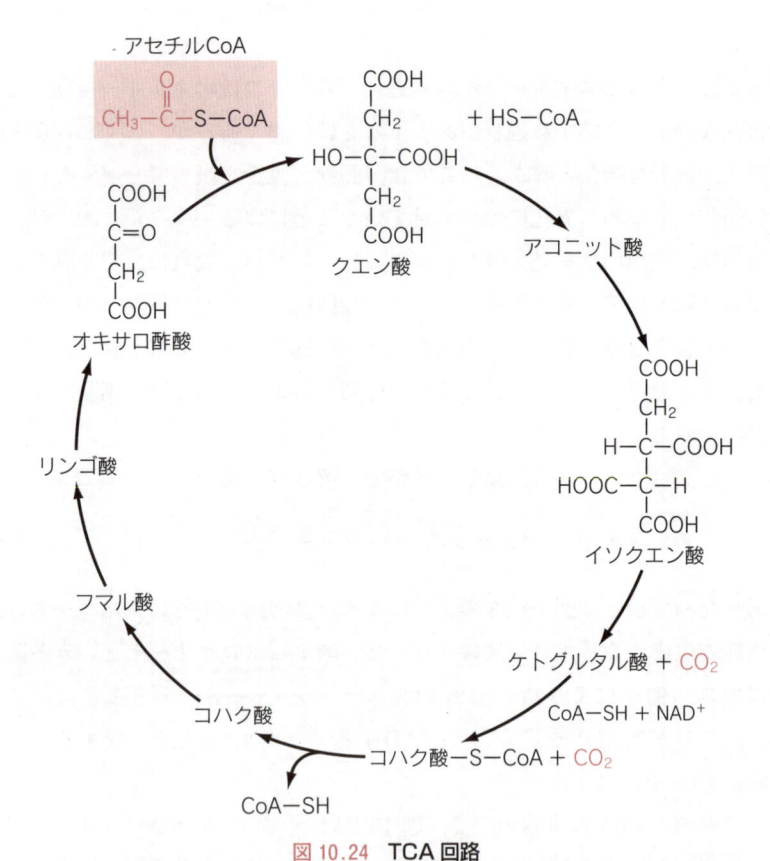

図 10.24　TCA 回路

〔井本稔, 岩本振武著,『化学 — その現代的理解 —』, 東京化学同人 (1988) より改変〕

炭素 CO_2 と水 H_2O にまで代謝され, 非常に大きなエネルギーを生み出すことができる. すなわち

$$C_6H_{12}O_6 + 6O_2 \longrightarrow 6CO_2 + 6H_2O, \quad \Delta G = -2870 \text{ kJ mol}^{-1} \tag{10.6}$$

またアミノ酸はタンパク質の合成にも使われるが，多くはATPをつくりながら分解してアンモニアや尿素となり，排泄される．

10.6　DNAとRNAの働き

遺伝の主要な役目は，生体が使う多くのタンパク質のアミノ酸配列を伝えることである．これをセントラルドグマと呼ぶ．DNAは，すべてのタンパク質のアミノ酸配列の情報を塩基配列のかたちで蓄えている．

この節では
① DNAを複製して増殖させ
② DNAの情報をRNAが読みとり
③ 情報を読みとったRNAから生体反応をつかさどる酵素やタンパク質をつくる

という三つの過程を，それぞれの項において見ていくことにする．

10.6.1　複　製

あるDNAをそっくりコピーして，もうひと組のDNAをつくることを複製と呼ぶ．

すでに述べたように，DNAは全長にわたって相補的な塩基配列をもつ二重らせん構造を形成しており，らせんの内側に隠れた塩基配列を外側から読みとることはできない．そこでDNAの複製にはヘリカーゼとDNAポリメラーゼという酵素が働き，図10.25で示すように，二重らせんをほどくとともに一本鎖のDNAが鋳型となって，相手の塩基配列

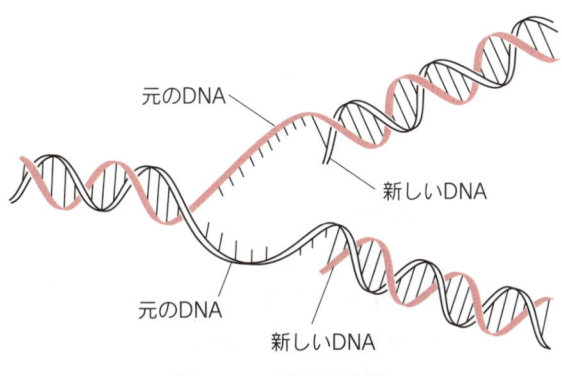

図 10.25　DNAの複製

> **ひとこと**
>
> ### PCR 法
>
> PCR とはポリメラーゼ連鎖反応のことをいい，**PCR 法**は本文でも述べた DNA ポリメラーゼを使った複製の過程を利用して DNA（もしくは DNA の特定の領域）を体外で増幅させる方法のことをいう．
>
> いま DNA を加熱して二重らせんをほどき，ここへプライマーと呼ばれる短い DNA 断片を入れ，DNA ポリメラーゼを使って DNA 断片の伸長反応を進める．その後，冷却すると DNA が複製される．これを n 回くり返すことで対象の DNA は 2^n 倍に増幅される．
>
> こうした PCR 法は，ごく微量の試料から DNA 分析などに必要な遺伝情報（DNA）を増幅させ，インフルエンザや結核菌などの検出に利用されている．

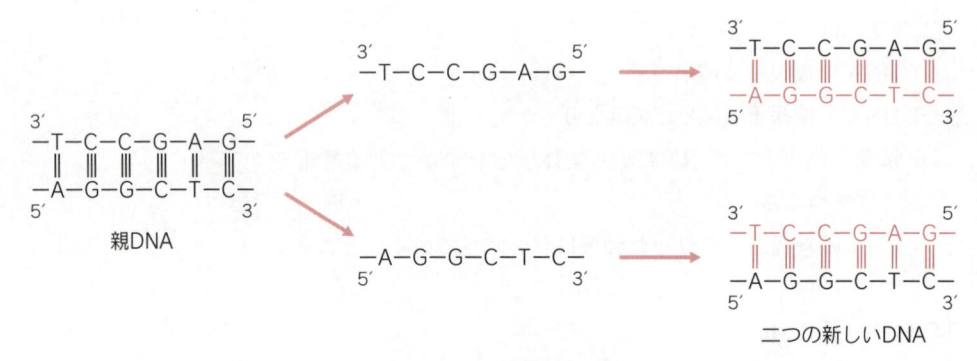

図 10.26　DNA の複製の過程

のそっくり裏返しになった相補的な塩基配列をもつ DNA が新たにつくられる．これが可能なのは，塩基間の水素結合の形成により A—T および G—C という組合せが決まるからである．この様子を図 10.26 に示す．

結果的に，元の DNA 鎖 1 本と新たな DNA 鎖 1 本から，元とまったく同じ塩基配列をもった二重らせんが二つつくられる．

10.6.2　転　写

生命活動に必要な酵素やタンパク質をつくる際には，DNA のもつ遺伝情報のなかから，それらに必要なタンパク質のアミノ酸配列を示す部分を写しとる必要がある．この過程は**転写**と呼ばれ，DNA のもつ遺伝情報のうちから必要な部分が写しとられて，この情報の運搬を担う**メッセンジャー RNA**（mRNA と表す）がつくられる．

mRNA がつくられる過程は，DNA の複製と同様の過程で進むが，ここでは RNA ポリメラーゼという酵素が働く．また前に述べたように，RNA を構成するヌクレオチドは T をもたないので，代わりに U を使っ

```
        5′末端                          3′末端
鋳型DNA   G—A—T—C—G—T—A—C—T—G
mRNA     C—U—A—G—C—A—U—G—A—C
        3′末端                          5′末端
                 ←
```

図 10.27 転写

て相補的な水素結合（すなわち A—U および G—C）を形成し，情報を転写する．この過程を図 10.27 に示した．

そして，この mRNA は次の段階で，タンパク質が合成される際のアミノ酸配列の情報源として働く．

10.6.3 翻 訳

DNA から mRNA に転写した情報に従ってアミノ酸を配列し，目的のタンパク質を合成する過程を**翻訳**と呼ぶ．この過程には，**トランスファー RNA**（tRNA と書く）と**リボソーム RNA**（rRNA）と呼ばれる 2 種類の RNA が働く．

まず，mRNA のもつ情報通りにアミノ酸を運搬するのが tRNA である．図 10.28 のようにリボースの 3′ 位の OH 基でアミノ酸と結合して，このアミノ酸を運ぶ．この tRNA は mRNA の特定箇所を認識する**アンチコドン**（表 10.3）と呼ばれる三つの塩基の組合せ部位をもち，mRNA の情報に対応するアミノ酸を運ぶ．

さてタンパク質の合成は，細胞内の小組織体である**リボソーム**のなかで行われる．リボソームは，rRNA とリボソームタンパク質でできた一種の"工場"のようなものであり，核から出た rRNA がリボソームをつくる．そこに mRNA がはさみこまれ，図 10.29 のように右から左へと通り過ぎる．その間，mRNA と相補的な塩基配列にある tRNA が mRNA の上に並び，その tRNA が運んできたアミノ酸が酵素によって次つぎと連結される．こうして mRNA の情報に従ったタンパク質が合

表 10.3 tRNA のアンチコドンとアミノ酸の対応の例

アンチコドン [a]	アミノ酸 [b]
UGC	アラニン（Ala）
GGA	セリン（Ser）
GUA	チロシン（Tyr）
GAA	フェニルアラニン（Phe）
AAC	バリン（Val）
CCC	グリシン（Gly）

a) 5′ 末端から 3′ 末端へ向かっての塩基の並びを示す．
b) 省略記号をカッコ内に示した．

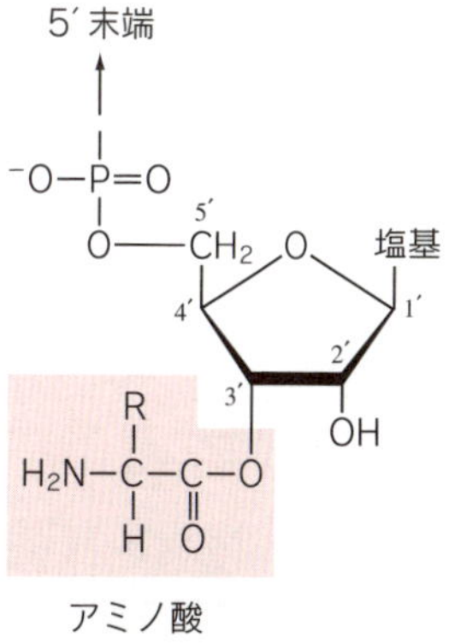

図 10.28 tRNA とアミノ酸の結合

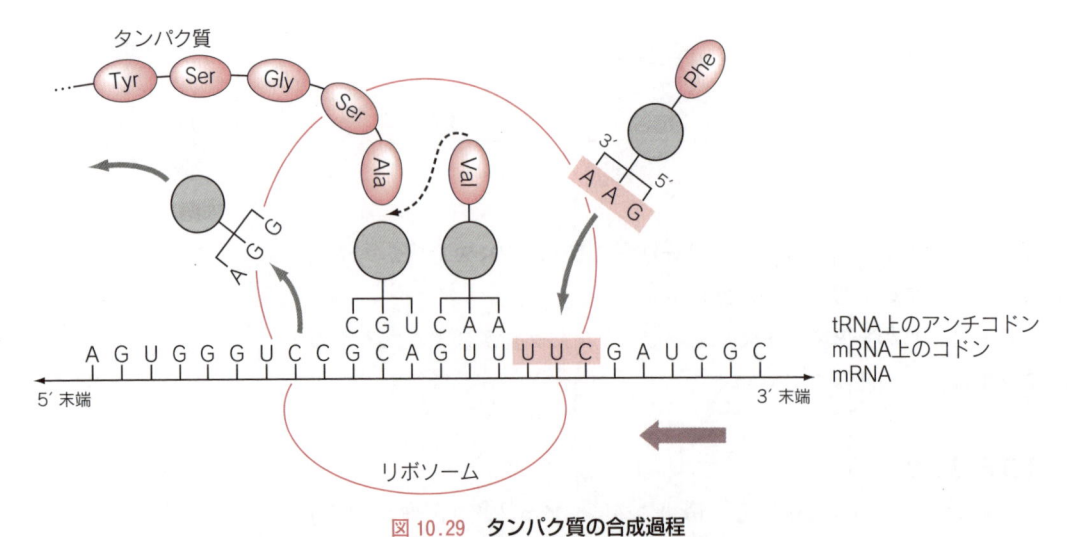

図 10.29　タンパク質の合成過程
アミノ酸は省略記号で示した．表 10.3 を参照のこと．

図 10.30　遺伝子組み換え

成されていく†.

† アミノ酸がはずれた tRNA はリボソームから離れていく.

10.6.4 遺伝子工学

これまで本節で述べてきたように，タンパク質のアミノ酸配列はすべて DNA の塩基配列に従って決められている．そのため DNA の塩基配列に人間が手を加え，たとえば配列を変えるようなことを行うと，本来とは異なるタンパク質が合成されることになる．このような技術を**遺伝子工学**あるいは**遺伝子組み換え技術**と呼び，おもに人間にとって有用なタンパク質を大腸菌や酵母につくらせるための技術として利用されている．

実際にはまず図 10.30 に示すように，特定の細胞から目的とする遺伝子を酵素（具体的には，特定の部位で DNA を切断する制限酵素）を使って切り取る．宿主となる DNA（これをベクターと呼ぶ）にも同じ酵素で切り口をあけ，ここへ先に切り取った遺伝子をつなげることで人工 DNA をつくる．DNA の切れ目をつなぐのりの役目も酵素（リガーゼである）が担う．

たとえばインスリンはすい臓で少量つくられるが，インスリンをつくるための DNA の一部である遺伝子を切り取って大腸菌に組み込めば，大腸菌がインスリンを生産できるようになる．

―――――――――― 章末問題 ――――――――――

10.1 以下の問いに答えよ．
 (a) セルロースとデンプンの構成単位（グルコース）の違いを，化学構造の観点から簡単に説明せよ．
 (b) ヌクレオチドとデオキシヌクレオチドの違いを，化学構造の観点から簡単に説明せよ．

10.2 以下の問いに答えよ．
 (a) L-α-アミノ酸の構造式を示せ．
 (b) アミノ酸残基とは何か．化学構造式で示せ．

10.3 光合成の明反応で合成される ATP から ADP への加水分解について，化学反応式で示せ．

10.4 DNA の複製はどのようになされるか．簡単に説明せよ．

10.5 mRNA と tRNA の役割について簡単に説明せよ．

章末問題の解答

第1章

1.1 フントの規則によって，電子はできる限りスピンの向きを同じにして軌道へ収容されるから．

1.2 （a）主量子数が1から2に変わるため，価電子のエネルギー準位がいちじるしく高くなる．その結果，イオン化エネルギーが激減する．
（b）2s軌道は原子核のところに節はなく，電子は原子核を通り抜けられる．一方，2p軌道では原子核のところが節になっており，電子の存在確率がゼロである．すなわち2s軌道の電子は1s軌道の"遮へい"を破って"侵入"する機会をもつが，2p軌道の電子はそのような機会をもたず遮へいされた状態にある．侵入した2s軌道の電子は原子核の電荷をより感じるので，有効核電荷は2p軌道の電子よりも大きい．この結果，2s軌道と2p軌道のエネルギー準位に差が生じる．
（c）原子番号の増加とともに最外殻の大きさ（原子半径）が増大し，それに伴って有効核電荷が小さくなるから．

1.3 最外殻の電子がsおよびp軌道に配置されている元素を典型元素と呼び，最外殻の電子がdおよびf軌道を満たしていく元素を遷移元素と呼ぶ．

1.4 （a）Li，（b）Li，（c）F^-．

第2章

2.1 （a）結合性軌道は $\phi_A(1s) + \phi_B(1s)$，反結合性軌道は $\phi_A(1s) - \phi_B(1s)$．
（b）$\phi_A(1s)$ および $\phi_B(1s)$ よりもエネルギー準位が低い結合性軌道に2個の電子が入るためエネルギーが低下し安定化するから．

2.2 （a）F：$1s^2 2s^2 2p^5$，Ca：$1s^2 2s^2 2p^6 3s^2 3p^6 4s^2$．
（b）同じエネルギー準位の軌道に電子が入る場合，電子対をつくるとクーロン力による反発があるため，別の軌道に不対電子として存在するほうが有利だから．
（c）（B）σ 結合，（C）π 結合．
（d）各窒素原子から結合性軌道に入る電子が3個ずつ供給されるので結合性軌道の電子数は $3 \times 2 = 6$ 個である．一方，反結合性軌道の電子数は0個だから式（2.3）より

$$\frac{6-0}{2} = 3$$

よって結合次数は3で，三重結合である．He_2 の場合は結合性軌道の電子数は2個で，反結合性軌道の電子数は2個なので，同様に

$$\frac{2-2}{2}=0$$

よって結合次数は 0 で，結合をつくらない．すなわち分子として存在しない．

(e) 一重結合である．F の電子配置

$$1s^2\,2s^2\,2p^5$$

から，共有結合に参加できる不対電子は $2p_z$ 軌道の電子 1 個だけである．したがって 2 個のフッ素原子間の結合は一重結合（σ 結合）であり，フッ素分子 F—F を形成する．

2.3 (a) σ 軌道および π 軌道に電子が詰まった場合，それぞれ σ 結合および π 結合と呼ぶ．σ 軌道は原子核と原子核を結ぶ軸（結合軸）上に電子が分布し，π 軌道は結合軸上には電子が分布しない．

(b) 結合軸を x 軸とすると，p_y 軌道および p_z 軌道から π 軌道ができ，これにより π 結合が形成される．

2.4 共有結合は方向性のある分子軌道に電子が入ることによって結合が生じるため，結合に方向性がある．一方，イオン結合はクーロン引力によって結合するため方向性がない．

2.5 フッ化水素分子のイオン性が強い．フッ素と水素の電気陰性度の差が大きいから．

2.6 ポーリングの電気陰性度の定義は"A—B という化合物の結合エネルギーが，A—A と B—B の結合エネルギーの平均値を上まわるぶんが，電気陰性度の差に比例する"というものである．$\chi_A - \chi_B$ は電気陰性度の差であり，23 は比例定数である．

2.7 バンドの下半分は結合性の領域であり，上半分は反結合性の領域である．Fe よりも Ni のほうが反結合性領域の電子数が増大するため，凝集エネルギーは Fe のほうが大きい．ただし実際には他の要因も作用する結果，図 2.10 のように Ni のほうが凝集エネルギーは大きくなる．

2.8 アンモニア分子間には強い水素結合が働くため．

第 3 章

3.1 球の半径を r とする．単位格子内の球の数は

$$\tfrac{1}{2}\times 6 + 8 \times \tfrac{1}{8} = 4$$

単位格子の一辺の長さは

$$\sqrt{(2r)^2+(2r)^2}=\sqrt{8}r$$

よって

$$\frac{(4/3)\pi r^3 \times 4}{(\sqrt{8}r)^3}=0.74$$

を得る．

3.2 陰イオンの半径を r_a，陽イオンの半径を r_b とする．単位格子の対角線の長さは

$$\sqrt{8r_a^2 + 4r_a^2}=2\sqrt{3}r_a = 2r_a+2r_b$$

よって

$$(\sqrt{3}-1)r_a = r_b$$

ゆえに以下を得る．

$$\frac{r_b}{r_a}=0.73$$

3.3 BN もグラファイトと同じ sp^2 混成軌道をつくるが，グラファイトの場合には，残りの p_z 軌道からなる π 軌道に電子が 1 個入るのに対して，BN では π 軌道に電子がないから．

3.4 (a) 分子結晶，(b) 面心立方格子，(c) ファン・デル・ワールス力．

3.5 液晶は融解してもすぐには等方性の液体にならず，規則的な分子の配向が見られ異方性を示す物質である．電場や磁場によって分子の配向が変化し，それによって光学的性質が変わる．この性質を液晶ディス

プレイに応用している.

3.6 (a) CO_2 は結合軸が直線的であり，中央の O の左右は対称なので双極子モーメントは打ち消しあってゼロになる．よって無極性分子となる．
(b) 一瞬の電子の位置によって原子核と電子分布の相対位置が変わり，一時的双極子モーメントが存在するようになる．これにより引力が働く．

3.7 分子量が大きくなると，分子に含まれている電子の数が増えて多数の電子が集団的にゆらぐことになり，その結果，分極が大きくなって，大きな双極子モーメントをもつようになりファン・デル・ワールス力による分子間相互作用が大きくなるから．

3.8 略．

第 4 章

4.1 (a) $U_A + q_P + w = U_B$.
(b) $q_P = U_B - U_A + P(V_B - V_A)$.
(c) エンタルピーの定義は
$$H \equiv U + PV$$
なので，上式に代入すると次を得る．
$$H_B - H_A = q_P$$
(d) $H_A > H_B$ のとき，上の (c) より q_P は負になるので，これは発熱反応である．
(e) 反応熱は $U_B - U_A$ と表される．

4.2 (a) 標準状態における以下の反応
$$H_2 + \frac{1}{2}O_2 \longrightarrow H_2O(g)$$
で H_2O を 1 mol 得るときのエンタルピー変化のこと．
(b) $0 + (-393.5) - \{-110.5 + (-241.8)\} = -41.2 \text{ kJ mol}^{-1}$ で，発熱反応である．
(c) $0 + (-394.4) - \{-137.2 + (-228.6)\} = -28.6 \text{ kJ mol}^{-1}$.
(d) 式 (4.61) に上の (c) の結果などを代入して
$$K_P = \exp\left(\frac{28.6}{8.31 \times 298.15}\right)$$
(e) 低温が有利である．発熱反応はル・シャトリエの原理により，低温ほど平衡は右に移動するから．

4.3 増大する．

第 5 章

5.1 (a) 以下の通り．
$$-\frac{dC_A}{dt} = kC_A$$
(b) 上の (a) で得た式を，A の初濃度を C_{A0} として積分すると
$$\ln \frac{C_{A0}}{C_A} = kt$$
を得る．よって t に対して $\ln(C_{A0}/C_A)$ をプロットし，得られた直線の傾きから k が求まる．
(c) 上の (b) で得られた式より
$$C_A = C_{A0} e^{-kt}$$
よって C_A は指数関数的に減少する．
(d) 活性化エネルギー E 以上のエネルギーをもつ分子の割合．

(e) 上の (d) の問題で与えられた式から
$$\ln k = \ln \nu - \frac{E}{RT}$$
この関係から，$1/T$ に対して $\ln k$ をプロットし，得られた直線の傾き $-E/R$ から活性化エネルギー E を求めることができる．
(f) 平衡に達しているとき，次の関係が成り立つ．
$$kC_A = k_- C_B$$
ここで
$$K \equiv \frac{C_B}{C_A}$$
だから，ゆえに
$$K = \frac{k}{k_-}$$
を得る．

5.2 (a) $r = kP_{N_2}$．
(b) 横軸に $1/T$ をとり，縦軸に $\ln k$ をとったプロットのこと．プロットを結ぶ直線の傾き $-E/R$ から活性化エネルギー E が求められる．
(c) 反応が進むにつれて左向きの反応の速度が増していき，やがて右向きの反応の速度と同じになる．これを動的平衡といい，見かけ上反応は止まっている．
(d) 触媒は反応速度のみを変化させ，反応の平衡点を変化させることはない．

第 6 章

6.1 (a) ブレンステッド酸は H^+ を与える分子またはイオンで，ブレンステッド塩基は H^+ を受け入れる分子またはイオン．またルイス酸は電子対を受け入れることのできる物質で，ルイス塩基は電子対を与えることのできる物質である．
(b) まず式 (6.9) より
$$K_a = \frac{[H^+][HCOO^-]}{[HCOOH]}$$
よって
$$\log K_a = \log[H^+] + \log \frac{[HCOO^-]}{[HCOOH]}$$
これより
$$pH = pK_a + \log \frac{[HCOO^-]}{[HCOOH]}$$
を得る．
(c) アルカリ性である．これは次のように，共役塩基 $HCOO^-$ の反応によって OH^- が生じるため．
$$HCOO^- + H_2O \rightleftharpoons HCOOH + OH^-$$
(d) 一般に $[H^+][OH^-] = 10^{-14}$ だから，これより
$$pH = -\log \frac{10^{-14}}{[OH^-]}$$
を得る．

6.2 Al^{3+} は酸，O^{2-} は塩基として働く．これはそれぞれ，電子対を受け入れたり，与えたりすることができるためである．よってアンモニアのような塩基は Al^{3+} と反応し，H^+ のような酸は O^{2-} と反応する．

6.3 ギ酸のような弱酸は，水溶液中で次のように電離する．
$$HCOOH \rightleftharpoons HCOO^- + H^+$$
このとき希釈していくと，電離度は大きくなり続ける．したがって弱酸でも電離度が小さいということはない．

第7章

7.1 （a）左側は負極で
$$Zn \longrightarrow Zn^{2+} + 2e^-$$
の反応が起こり，酸化である．右側は正極で
$$Cu^{2+} + 2e^- \longrightarrow Cu$$
の反応が起こり，還元である．全体として電池反応は
$$Zn + Cu^{2+} \longrightarrow Zn^{2+} + Cu$$
となる．
(b) 式（7.12）より $n\Delta EF = -\Delta G$.
(c) $0.337 - (-0.762) = 1.099\,\text{V}$.
(d) ネルンストの式（7.19）より

$$\Delta E = \Delta E^\circ - \frac{RT}{2F}\ln\frac{[Zn^{2+}]}{[Cu^{2+}]}$$

また上の（c）より

$$\Delta E^\circ = 1.099$$

よって $\Delta E = 0$ のとき

$$\frac{RT}{2F}\ln\frac{[Zn^{2+}]}{[Cu^{2+}]} = 1.099$$

が成り立つ．適当な値を代入して整理すれば

$$\ln\frac{[Zn^{2+}]}{[Cu^{2+}]} = 1.099 \times \frac{2 \times 96485}{8.31 \times 298.15} = 85.6$$

ゆえに

$$\frac{[Zn^{2+}]}{[Cu^{2+}]} = 1.5 \times 10^{37}$$

である．

7.2 （a）次の通り．
$$A = \frac{[H^+]}{P_{H_2}^{1/2}}$$

(b) $P_{H_2} = 1\,\text{atm}$ なので，問題で与えられた式に適当な値を代入して

$$0.385 = 0.222 - \frac{8.31 \times 298.15}{96485} \times 2.30\log[H^+]$$

ただし，ここで自然対数から常用対数への変換を行った．これから
$$-\log[H^+] = 2.76$$
ゆえに
$$\text{pH} = 2.76$$
となる．

7.3 （a）電池図は
$$Zn|NH_4Cl, ZnCl_2|MnO_2, C$$
あるいは

である.
(b) 負極では

$$Zn|NH_4^+, Zn^{2+}|MnO_2, C$$

$$Zn + 2NH_4Cl \longrightarrow Zn(NH_3)_2Cl_2 + 2H^+ + 2e^-$$

正極では

$$MnO_2 + H^+ + e^- \longrightarrow MnOOH$$

の反応がそれぞれ起こる.

7.4 正極では

$$PbO_2 + H_2SO_4 + 2H_3O^+ + 2e^- \rightleftarrows PbSO_4 + 4H_2O$$

負極では

$$Pb + H_2SO_4 + 2H_2O \rightleftarrows PbSO_4 + 2H_3O^+ + 2e^-$$

の反応がそれぞれ起こっている.ここで右向きの $\longrightarrow$ は放電反応を,左向きの $\longleftarrow$ は充電反応を表している.放電時は両極とも硫酸と反応して硫酸鉛を生成し,充電時は硫酸を放出して二酸化鉛および鉛に戻る.なお自動車用鉛蓄電池は六つの単電池(セル)からなり,これを直列に接続して 12 V 型電池を構成している.

7.5 電池反応としては正極材料($LiCoO_2$ など)および負極材料(C_6Li など)にリチウムイオン Li^+ を出し入れして,充電および放電を行う.

第 8 章

8.1 エネルギーの小さなほうからエタン,ベンゼン,エチレン,アセチレンの順になる.

8.2 エチレンの二重結合(C=C)の 1 本は σ 結合であり,もう 1 本は π 結合である.この π 結合はエチレンの炭素原子と水素原子がつくる平面と垂直な位置にある 2p 軌道によって形成されており,回転すると軌道の重なりを失うため,この π 結合の存在によって炭素間の結合軸は回転しない.

8.3 (a) 化学的に安定なほうからシクロヘキサン,シクロブタン,シクロプロパンの順になる.
(b) sp^3 混成軌道は正四面体を形成し,109.5°に等方的に広がっている.環状アルカンのすべての炭素は sp^3 混成軌道の炭素であるが,結合角の小さい環状アルカンはかなりひずんだ構造をしていて不安定である.

8.4 以下の図に示す.

8.5 (a) $A:B \longrightarrow A\cdot + \cdot B$
(b) $A:B \longrightarrow A^+ + :B^-$

8.6 アセチレンは π 結合を 2 本もつ.π 結合は結合電子の広がりが大きく弱い結合であるため,求電子試薬による攻撃を受けやすい.

8.7 (a) ベンゼンの π 結合の電子は環全体に広がって非局在化しているため.
(b) ベンゼンは共鳴安定化されており,共鳴構造を壊すような付加反応は受けにくく,求電子試薬が付加した位置の H^+ が脱離して,置換反応が進行する.

第 9 章

9.1 (a) $M_x + M_y \longrightarrow M_{x+y}$, (b) $M_x-M^* + M \longrightarrow M_{x+1}-M^*$.

9.2 ラジカル,カチオン(正イオン),アニオン(負イオン).

9.3 ポリオレフィンの置換基 —R が炭素鎖に対して同じ向きに規則的に並んだものをイソタクチック構造，交互に逆向きに並んでいるものをシンジオタクチック構造，無秩序に配列したものをアタクチック構造と呼ぶ．

9.4 (a) 高分子化する反応形式はともに逐次反応（モノマーもしくはポリマー中の官能基が逐次的に反応をくり返して高分子化する反応）に分類される．

(b) 重縮合は縮合反応をくり返して高分子化する．一方，付加縮合は付加反応と縮合反応を交互にくり返して高分子化する．

第 10 章

10.1 (a) セルロースは β 型のグルコースから構成されており，デンプンは α 型のグルコースから構成されている．両者では 1 位の炭素についている OH 基の向きが異なる．

(b) ヌクレオチドは，リン酸とリボースと塩基の 3 成分が結合したものである．一方，デオキシヌクレオチドはリン酸とデオキシリボースと塩基の 3 成分が結合したものである．デオキシリボースは，リボースの 2 位の OH 基が H に置換されたものであり，両者は化学構造が異なる．またヌクレオチドとデオキシヌクレオチドでは，構成単位として使われる塩基の選択が異なる．5 種類の A，C，G，T，U の塩基のうち，デオキシヌクレオチドからなる DNA は A，C，G，T の 4 種の塩基を含み，ヌクレオチドからなる RNA は A，C，G，U の 4 種の塩基を含む．

10.2 (a) 次の図に示す．

$$H_2N-\underset{R}{\underset{|}{\overset{H}{\overset{|}{C}}}}-COOH$$

(b) $\left[-NH-\underset{R}{\underset{|}{CH}}-CO-\right]$

10.3

ATP + H_2O ⇌ ADP + リン酸

(アデノシン三リン酸がアデノシン二リン酸とリン酸に加水分解される反応式)

10.4 DNA は二重らせんをほどくとともに，1 本鎖の DNA が鋳型となって，相手の塩基配列のそっくり裏

返しになった相補的な塩基配列をもつ DNA が新たにつくられる．結果的に，元の DNA 鎖 1 本と新たな DNA 鎖 1 本から，元とまったく同じ塩基配列の二重らせんが二つつくられる．

10.5 mRNA は DNA から転写した遺伝情報を担っており，タンパク質に翻訳されうる塩基配列情報をもつ．この遺伝情報に従って特定のタンパク質が合成される．tRNA は mRNA 上の塩基配列情報に対応するアミノ酸を運ぶ役割をする．

索　引

数字・欧文

ADP	189
ATP	187
α-ヘリックス	182
β-シート	182
d 軌道	8
DNA	184
mRNA	194
NADPH	187
p 軌道	8
PCR 法	194
pH	126
PV 等温線	69
π 軌道	36
π 結合	36, 154, 155
RNA	184
rRNA	195
s 軌道	8
sp 混成軌道	47, 154, 156
sp^2 混成軌道	47, 154, 155
sp^3 混成軌道	47, 154, 155
σ 軌道	36
σ 結合	36, 154, 155
TCA 回路	191
tRNA	195

あ

アクチニド	24
アクチノイド	24
アタクチック構造	171
圧縮係数	66
アニオン	25
アニオン重合	169
アミノ酸	180
アミノ酸配列	180
アミロース	178
アミロペクチン	178
アモルファス	53
アルカリ金属	25
アルカリ性	126
アルカリマンガン乾電池	147
アルカン	153
アルキン	154
アルケン	153
アレニウス塩基	123
アレニウス酸	123
アレニウスの式	106
アレニウスプロット	107
アンチコドン	195
暗反応	186, 189

い

イオン化エネルギー	17
イオン結合	38
イオン結晶	54, 57
イオン重合	169
異化	191
イソタクチック構造	171
一次構造	180
一次電池	143
一次反応	104
遺伝子組み換え技術	197
遺伝子工学	197

え

液晶	54, 61
エネルギー準位	7
エネルギー準位図	15
エネルギー保存則	78
エンタルピー	79
エントロピー	84

お

オクテット則	32
オービタル	8

か

開始反応	169
解離	118
開裂	159
可逆変化	84
架橋	174
核酸	184
確率密度	8
化合物	83
重ね合わせの原理	32
カチオン	25
カチオン重合	169
活性化エネルギー	106
活性錯合体	103, 106
活量	95, 143
価電子	24
価電子帯	46
加硫	174
カルビンサイクル	189
還元	137
還元剤	137
環式炭化水素	157
完全気体	64

き

希ガス	25
基質	183
気体定数	63
起電力	140
軌道	8
機能性高分子	175
ギブズ自由エネルギー	91
ギブズ・ヘルムホルツの式	95
求核試剤	160
求核反応	160
吸着	117
求電子試剤	160
求電子反応	160
吸熱反応	82
強塩基	126
強酸	126
共鳴	159
共鳴安定化	159
共役塩基	124
共役酸	124
共有結合	31
共有結合結晶	54, 59
極限構造	159
極限半径比	57

索引

極性	39
金属結合	43
金属結晶	54
金属錯体	48

く

クラウジウスの不等式	89, 90
グリコーゲン	180
クロロフィル	186

け

結合エネルギー	35
結合次数	35
結合性分子軌道	32
結晶	53
結晶場理論	49
原子	3
原子核	3
原子軌道	32
原子番号	4

こ

光合成	186
光子	6
高次構造	183
格子定数	54
構成原理	24
酵素	183
孤立系	77
孤立電子対	47
混成	47
混成軌道	47

さ

最外殻	24
酸塩基滴定	129
酸化	137
酸化還元反応	138
酸化剤	137
酸化数	138
三重結合	35
酸性	126

し

磁気量子数	15
仕事	65, 77, 79
実在気体	65
自発変化	84
脂肪族炭化水素	153
弱塩基	126
弱酸	126
遮へい	25
シャルルの法則	64
周期	21
周期表	21
重合	167
重合体	168
重合度	168
重縮合	168, 171
自由電子	43, 46
重付加	168, 172
主量子数	13
シュレーディンガー方程式	11
状態関数	80
状態方程式	63
理想気体の――	63
蒸発熱	87
触媒	116
シンジオタクチック構造	171

す

水素結合	50
スピン	14
スピン量子数	15

せ

正極	140
生長反応	169
セルロース	177
遷移元素	24
遷移状態	103
前指数因子	106
セントラルドグマ	193

そ

双極子	39
双極子-双極子相互作用	67
双極子モーメント	67
双極子-誘起双極子相互作用	67
相互作用	17
相転移	87
素過程	100, 109
族	21
速度定数	103

た

第一イオン化エネルギー	20
代謝	190
多座配位子	48
脱離	118
ダニエル電池	139
単位格子	53
単位胞	53
炭化水素	153
単結合	35
単座配位子	48
炭水化物	177
単体	83
タンパク質	180
単量体	167

ち

置換反応	164
逐次反応	109, 167
中性子	3

て

定圧条件	79
定圧熱容量	80
停止反応	169
定常状態	110
定常状態近似	110, 111
定容条件	79
定容熱容量	80
デオキシリボ核酸	184
滴定曲線	129
電解質濃淡電池	143
電気陰性度	40
電気素量	4
電極濃淡電池	146
典型元素	24
電子	3
電子殻	12
電子親和力	20
電子対	14
電子配置	13
電子ボルト	4
転写	194
電池	139
電池図	139
電池反応	140
伝導帯	46

デンプン	178
電離	126
電離度	127

と

同化	191
動径分布関数	11
糖質	177
動的平衡	102
当量点	129
ド・ブロイの式	6
トランスファー RNA	195

な

内部エネルギー	77
鉛蓄電池	148

に

二次構造	182
二次電池	143
二次反応	104
二重結合	35
二重らせん構造	186
ニッケル・水素電池	149

ね

熱	77
熱可塑性樹脂	173
熱硬化性樹脂	173, 174
熱力学第一法則	77
熱力学第二法則	84
ネルンストの式	142

の

濃淡電池	143

は

配位	48
配位結合	46, 47
配位子	48
配位重合	170
配位数	48
パウリの排他原理	14, 15
発熱反応	82
波動関数	8
ハミルトニアン	11
ハロゲン	25
反結合性分子軌道	32

バンド	43, 45
バンドギャップ	46
バンド構造	46
反応機構	100
反応次数	103
反応速度	100, 103
反応速度式	103
反応熱	82

ひ

微視的平衡	110
―― の仮定	114
非晶質	53
比熱	80
ヒュッケル則	158
標準起電力	142
標準状態	83
標準生成エンタルピー	83
標準生成ギブズ自由エネルギー	92
標準電極電位	141
表面反応	118
ビリアル状態方程式	68
頻度因子	106

ふ

ファラデー定数	141
ファン・デル・ワールス状態方程式	69
ファン・デル・ワールス力	68
ファント・ホッフの式	96
不可逆変化	84
不確定性原理	10
付加重合	168
付加縮合	168, 173
付加反応	163
不完全気体	65
負極	140
複製	193
不対電子	14, 52
物質波	6
不飽和炭化水素	154
ブラベ格子	54
プランク定数	5
ブレンステッド塩基	124
ブレンステッド酸	124
分散力	67
分子	32

分子軌道	32
分子結晶	54, 61
フントの規則	14

へ

閉殻構造	14
平衡定数	88, 94
閉鎖系	77
並発反応	110
ヘスの法則	82
ヘテロリシス	159, 160
ペプチド	180
ペプチド結合	180
ヘルムホルツ自由エネルギー	91
ベンゼン環	158

ほ

ボーアのモデル	4
ボーア半径	7
ボイル・シャルルの法則	64
ボイルの法則	64
方位量子数	15
芳香族化合物	158
芳香族炭化水素	153, 158
飽和炭化水素	154
ホモリシス	159, 161
ポリペプチド	180
ポリマー	167
ボルン・ハーバーサイクル	39
翻訳	195

ま

マクスウェル・ボルツマン分布	71
マンガン乾電池	147

み

水のイオン積	126

め

明反応	186
メッセンジャー RNA	194

も

モノマー	167
モル熱容量	80

ゆ

融解熱	87
有効核電荷	26

よ

陽子	3

ら

ラジカル	159, 161
ラジカル重合	169
ラジカル反応	161
ランタニド	24
ランタノイド	24

り

理想気体	63
——の状態方程式	63
リチウムイオン電池	149
リチウム電池	147
律速過程	110
リボ核酸	184
リボソーム	195
リボソーム RNA	195
量子化	4, 8
量子数	15
量子力学	8
臨界圧	70
臨界温度	70
臨界状態	70, 71

る

ルイス塩基	125
ルイス構造式	32
ルイス酸	125
ルクランシェ電池	146
ル・シャトリエの原理	96

れ

連鎖移動反応	169
連鎖反応	167

著者略歴

中村　潤児（なかむら　じゅんじ）

1957年北海道生まれ．1983年北海道大学工学部卒業，1988年北海道大学大学院理学研究科博士課程修了．同年インディアナ大学博士研究員，1989年ワシントン大学博士研究員，1990年筑波大学物質工学系講師，1995年同助教授，2006年同教授を経て，現在，九州大学カーボンニュートラル・エネルギー国際研究所附属三井化学カーボンニュートラル研究センター教授．理学博士．
専門は触媒化学，表面科学．現在の研究テーマは「表面科学的手法を用いた触媒作用の研究」「炭素表面化学と燃料電池電極触媒」など．

神原　貴樹（かんばら　たかき）

1962年大阪生まれ．1985年東京工業大学工学部卒業，1988年東京工業大学大学院総合理工学研究科博士課程中途退学．同年東京工業大学資源化学研究所助手，1994年富山大学工学部助教授，1996年アリゾナ大学化学科博士研究員，2000年東京工業大学資源化学研究所助教授を経て，現在，筑波大学数理物質系教授．博士（工学）．
専門は高分子化学，材料化学，有機金属化学．現在の研究テーマは「新しい合成法の開拓に基づく機能性高分子の設計」「機能性金属錯体の設計」など．

理工系の基礎化学

2012年11月10日　第1版　第1刷　発行	著　者　中村　潤児
2024年3月1日　　　　第11刷　発行	神原　貴樹
検印廃止	発 行 者　曽根　良介
	発 行 所　㈱化学同人

JCOPY〈出版者著作権管理機構委託出版物〉
本書の無断複写は著作権法上での例外を除き禁じられています．複写される場合は，そのつど事前に出版者著作権管理機構（電話 03-5244-5088，FAX 03-5244-5089，e-mail：info@jcopy.or.jp）の許諾を得てください．

本書のコピー，スキャン，デジタル化などの無断複製は著作権法上での例外を除き禁じられています．本書を代行業者などの第三者に依頼してスキャンやデジタル化することは，たとえ個人や家庭内の利用でも著作権法違反です．

〒600-8074　京都市下京区仏光寺通柳馬場西入ル
編集部 TEL 075-352-3711　FAX 075-352-0371
営業部 TEL 075-352-3373　FAX 075-351-8301
　　　　振　替　01010-7-5702
e-mail　webmaster@kagakudojin.co.jp
URL　https://www.kagakudojin.co.jp
印刷・製本　三報社印刷㈱

Printed in Japan © J. Nakamura, T. Kanbara　2012　無断転載・複製を禁ず　ISBN978-4-7598-1534-4
乱丁・落丁本は送料小社負担にてお取りかえいたします．

元素の周期表

凡例:
- 22 — 原子番号
- Ti — 元素記号
- 47.87 — 原子量
- チタン — 元素名

族\周期	1	2	3	4	5	6	7	8	9	10	11	12	13	14	15	16	17	18
1	1 H 1.008 水素																	2 He 4.003 ヘリウム
2	3 Li 6.941 リチウム	4 Be 9.012 ベリリウム											5 B 10.81 ホウ素	6 C 12.01 炭素	7 N 14.01 窒素	8 O 16.00 酸素	9 F 19.00 フッ素	10 Ne 20.18 ネオン
3	11 Na 22.99 ナトリウム	12 Mg 24.31 マグネシウム											13 Al 26.98 アルミニウム	14 Si 28.09 ケイ素	15 P 30.97 リン	16 S 32.07 硫黄	17 Cl 35.45 塩素	18 Ar 39.95 アルゴン
4	19 K 39.10 カリウム	20 Ca 40.08 カルシウム	21 Sc 44.96 スカンジウム	22 Ti 47.87 チタン	23 V 50.94 バナジウム	24 Cr 52.00 クロム	25 Mn 54.94 マンガン	26 Fe 55.85 鉄	27 Co 58.93 コバルト	28 Ni 58.69 ニッケル	29 Cu 63.55 銅	30 Zn 65.38 亜鉛	31 Ga 69.72 ガリウム	32 Ge 72.63 ゲルマニウム	33 As 74.92 ヒ素	34 Se 78.97 セレン	35 Br 79.90 臭素	36 Kr 83.80 クリプトン
5	37 Rb 85.47 ルビジウム	38 Sr 87.62 ストロンチウム	39 Y 88.91 イットリウム	40 Zr 91.22 ジルコニウム	41 Nb 92.91 ニオブ	42 Mo 95.95 モリブデン	43 Tc (99) テクネチウム	44 Ru 101.1 ルテニウム	45 Rh 102.9 ロジウム	46 Pd 106.4 パラジウム	47 Ag 107.9 銀	48 Cd 112.4 カドミウム	49 In 114.8 インジウム	50 Sn 118.7 スズ	51 Sb 121.8 アンチモン	52 Te 127.6 テルル	53 I 126.9 ヨウ素	54 Xe 131.3 キセノン
6	55 Cs 132.9 セシウム	56 Ba 137.3 バリウム	57〜71 (ランタノイド)	72 Hf 178.5 ハフニウム	73 Ta 180.9 タンタル	74 W 183.8 タングステン	75 Re 186.2 レニウム	76 Os 190.2 オスミウム	77 Ir 192.2 イリジウム	78 Pt 195.1 白金	79 Au 197.0 金	80 Hg 200.6 水銀	81 Tl 204.4 タリウム	82 Pb 207.2 鉛	83 Bi 209.0 ビスマス	84 Po (210) ポロニウム	85 At (210) アスタチン	86 Rn (222) ラドン
7	87 Fr (223) フランシウム	88 Ra (226) ラジウム	89〜103 (アクチノイド)	104 Rf (267) ラザホージウム	105 Db (268) ドブニウム	106 Sg (271) シーボーギウム	107 Bh (272) ボーリウム	108 Hs (277) ハッシウム	109 Mt (276) マイトネリウム	110 Ds (281) ダームスタチウム	111 Rg (280) レントゲニウム	112 Cn (285) コペルニシウム	113 Nh (278) ニホニウム	114 Fl (289) フレロビウム	115 Mc (289) モスコビウム	116 Lv (293) リバモリウム	117 Ts (293) テネシン	118 Og (294) オガネソン

ランタノイド	57 La 138.9 ランタン	58 Ce 140.1 セリウム	59 Pr 140.9 プラセオジム	60 Nd 144.2 ネオジム	61 Pm (145) プロメチウム	62 Sm 150.4 サマリウム	63 Eu 152.0 ユウロピウム	64 Gd 157.3 ガドリニウム	65 Tb 158.9 テルビウム	66 Dy 162.5 ジスプロシウム	67 Ho 164.9 ホルミウム	68 Er 167.3 エルビウム	69 Tm 168.9 ツリウム	70 Yb 173.1 イッテルビウム	71 Lu 175.0 ルテチウム

アクチノイド	89 Ac (227) アクチニウム	90 Th 232.0 トリウム	91 Pa 231.0 プロトアクチニウム	92 U 238.0 ウラン	93 Np (237) ネプツニウム	94 Pu (239) プルトニウム	95 Am (243) アメリシウム	96 Cm (247) キュリウム	97 Bk (247) バークリウム	98 Cf (252) カリホルニウム	99 Es (252) アインスタイニウム	100 Fm (257) フェルミウム	101 Md (258) メンデレビウム	102 No (259) ノーベリウム	103 Lr (262) ローレンシウム